이명옥과 김흥규의
명화 속
신기한 수학 이야기

SIGONGART

목차

여는 글

저에겐 책에 관한 독특한 습관이 있어요. 책을 쓸 때마다 주변 사람들에게 주제를 미리 알린 후 그들의 솔직한 생각을 묻곤 하지요. 이처럼 사람들의 반응을 궁금해하는 것은 미래의 독자들과 교감하면서 자기 암시를 통해 글에 강한 영감을 불어넣기 위해서입니다.

〈명화 속 신기한 수학이야기〉라는 책을 준비하면서도 가까운 사람들에게 진솔한 의견을 물었어요. 사람들은 각자의 관점에 따른 다양한 반응을 보여주었습니다.

'너무 신선한 기획이며, 하루 빨리 책을 보고 싶다.', '명화와 수학을 연결한 발상이 특이하다.', '두 분야의 성격이 전혀 달라 감조차 잡기 힘들다.', '미술의 대중화를 실현할 수 있는 좋은 계기가 될 것이다.' 등이었어요.

원고를 마무리하는 이 순간까지도 이번 책이 독자들에게 신선한 체험을 선사하는 귀한 기회가 될 것이라는 자기 암시를 다지면서 희망을 잃지 않고 있습니다. 그런 바람을 갖는 것은 제 스스로 책을 준비하면서 소중한 경험을 쌓았기 때문입니다.

우선 미술과 수학이 이토록 완벽하게 교감할 수 있다는 사실을 새삼 확인했습니다. 사실 미술과 수학은 오랜 옛날부터 밀접한 관련을 갖고 있어요. 서양미술의 싹을 키운 자양분은 수학이라고 잘라 말해도 과언이 아닐 정도입니다. 예를 들어 르네상스 시대 화가들의 교과서인 알베르

티의 〈회화론〉을 보면 '화가가 기하학을 모르면 그림을 제대로 그릴 수 없다.'
고 못을 박고 있어요.

　수학은 모든 학문의 기초요, 수학을 모르면 회화의 어떤 법칙도 이해할 수
없다고 주장한 알베르티의 이론은 당대뿐 아니라 후세에도 지대한 영향을 끼
쳤어요. 좀 더 시대를 거슬러 그리스 미술에 눈을 돌리면 미술은 곧 수학이라
는 사실을 거듭 확인할 수 있습니다. 그리스인들은 수학적 비례를 중시한 나머
지 카논이라는 이상적인 인체 비례법칙까지 발명해 미술에 적용했으니까요.
미술가들은 신체 각 부분들이 조화로운 비례를 이룰 때 아름다움을 느낄 수 있
다고 믿었으며 인간의 몸을 수학적으로 재단한 맞춤 인체, 즉 예술품을 창안했
어요. 얼굴의 이목구비에 황금비를 적용해 미남미녀를, 신체를 수학적 비례로
측정해 7등신, 8등신의 이상적인 인간을 창조했습니다. 이는 미술의 뿌리가 수
학에서 비롯되었음을 극명하게 보여 주는 대표적인 사례들이지요.
　그러나 이런 미술과 수학의 연관성은 비단 그리스와 르네상스 시대에 그치
지 않아요. 현대미술에서도 수학적 요소를 무척 중요하게 생각하고 있어요.
미술의 주요 형식인 조화, 균형, 통일성, 대칭 등은 한결같이 수학적 요소를 담
고 있기 때문이지요. 독자들이 이런 지식과 정보를 바탕으로 글을 읽는다면 명
화와 수학을 접목시킨 책의 의도를 보다 잘 이해할 수 있을 것 같습니다.

　이제 책의 공동저자인 김흥규 선생님을 소개할 순서입니다. 김흥규 선생님
과 함께 책을 쓰게 된 배경을 궁금해 하는 사람들이 많아요. 선생님이 책에 동
참하게 된 것은 필연이 아닐까 싶어요. 선생님은 열성적인 미술 팬이며 미술에

대한 소양도 전문가 수준입니다. 또 김흥규 선생님은 청소년 시절 화가가 되고
싶었지만 뜻하는 바가 있어 수학을 선택했어요. 즉 미술은 선생님의 첫사랑인
셈인데, 그 아련한 첫사랑의 꿈을 이번 책을 통해 실현시킨 것이지요.
　참, 이 책에는 숨겨진 또 한 사람의 저자가 있어요. 바로 시공사의 담당 편집

자인 전우석님입니다. 그는 열정을 다해 책을 편집하고 세상에 선을 보일 수 있도록 갖은 노력을 기울였어요. 그래서 이런 즐거운 상상을 해봅니다. '이것 역시 필연이 아닐까?' 왜냐면 3이라는 숫자는 삼위일체를 뜻하는 완전한 숫자요, 더 없이 좋은 것이며, 조화롭게 완성시킨다는 의미를 지녔거든요.

끝으로 글을 쓰면서 크게 아쉬웠던 점을 말씀드리겠어요. 한국의 명화를 단 두 점밖에 소개하지 못한 점이 마음에 걸립니다. 그만큼 국내에 수학적 요소를 지닌 명화가 귀하다는 사실을 증명하고 있는데요, 인간의 논리적인 사고보다 자연에 대한 감성을 더 소중하게 여겼던 한국화의 전통으로 풀이할 수 있겠습니다. 하지만 명화를 감상하면서 굳이 동서양을 구분할 필요는 없다는 생각이 들어요. 아름답고 조화로운 세상을 추구하고 싶은 것은 인류의 공통된 소망입니다. 그리고 이 아름답고 조화로운 세상의 의미와 가치를 홍보하는 에스페란토어는 바로 미술과 수학입니다.

2005년 6월 이명옥

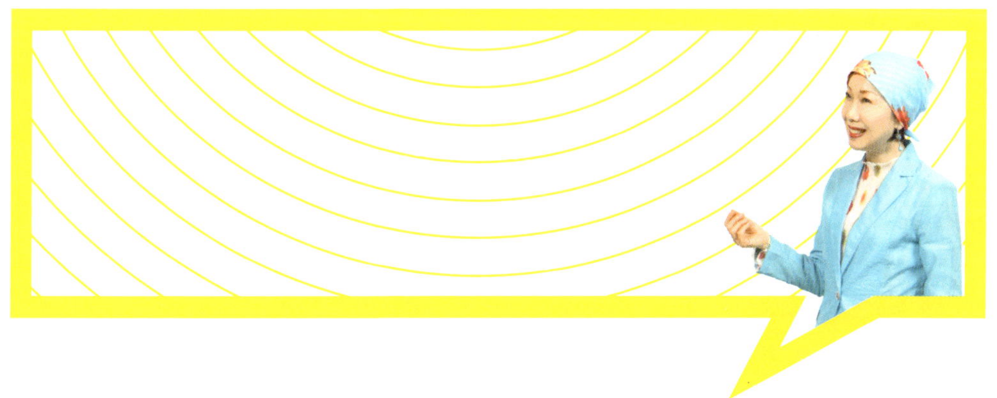

〈멜랑콜리아 1〉을 보면 유독 흥미로운 소재가 눈에 띄어요. 바로 배경 벽에 붙은 숫자 판입니다. 이것은 '마법의 숫자 판'으로 불리는데요. 신기하게도 네 숫자를 가로, 세로, 대각선 어느 방향으로 더해도 그 합이 똑같다고 해서 생긴 이름이지요.

〈멜랑콜리아 1〉과 〈씨름〉에 숨겨진 마방진의 비밀은?

MELENCOLIA I

안녕하세요. 선생님, 명화를 감상하면서 수학에 대한 이해와 사랑을 일깨울 수 있는 기회가 마련되었다는 얘기를 듣고 무척 신기해 하는 사람들이 많아요. 어떻게 미술을 통해 수학이야기를 할 수 있을까? 미처 상상조차 하지 못한 사람들을 위해 총 29점의 주옥 같은 명화가 기다리고 있습니다. 이 명화들을 차례로 감상하고 나면 신선한 충격과 함께 미술과 수학이 정다운 한 쌍임을 새삼 확인할 수 있을 거예요.

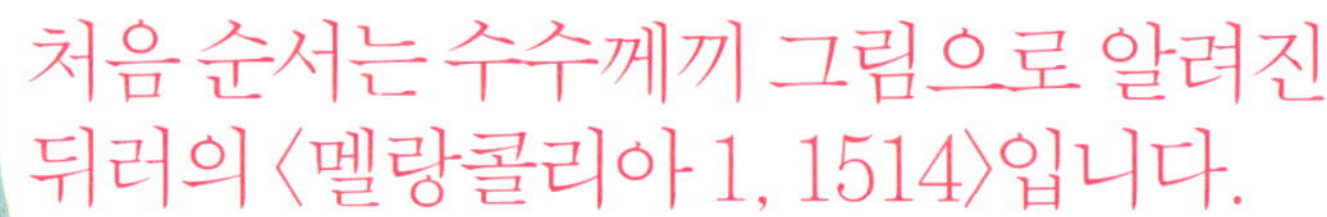

〈멜랑콜리아 1〉은 독일 르네상스 시대 최고의 화가요, 동판화가로 널리 알려진 뒤러의 대표작입니다. 레오나르도 다 빈치에 버금가는 유명세를 떨쳤던 뒤러는 1514년 동판화인 〈멜랑콜리아 1〉을 완성했어요. 〈멜랑콜리아 1〉은 발표된 순간부터 숱한 화제를 낳았어요. 뛰어난 예술성에 비밀스럽고 신비로운 내용이 담겨 있어 뒤러가 활동하던 시절부터 20세기 초에 이르기까지 예술 학자들의 비상한 관심을 끌었습니다.

이렇게 〈멜랑콜리아 1〉의 명성이 하늘을 찌를 듯 높아지면서 학자들은 명작에 숨겨진 의미를 밝혀내기 위해 많은 노력을 기울였어요. 그러나 그토록 많은 학자들이 '르네상스 시대를 통틀어 가장 난해하다.'고 알려진 그림의 해석에 도전했지만 그 숨은 뜻을 명쾌하게 밝히지 못했습니다. 그런데 기적 같은 일이 벌어졌어요. 20세기 가장 뛰어난 도상학자로 평가받은 파노프스키가 수백년 동안 학자들을 괴롭혀 온 미술의 난제를 해결한 것이지요.

도상학이란 미술품이 제작된 시대로 눈길을 되돌려 그 시절 관객의 눈과 마음으로 미술을 바라보는 것을 말합니다. 즉 눈높이를 과거 미술품이 제작된 시대에 맞추는 것이지요. 당시 사회와 정치, 문화적 상황을 모르면 그림을 이해할 수 없는 경우가 생깁니다. 특정 회화가 그려질 시대에는 쉽게 이해가 되었던 그림도 현대인들에게는 마치 암호처럼 어렵게 느껴지는 경우가 많으니까요.

그럼 파노프스키가 머리를 싸매고 연구한 결과를 함께 살펴볼까요. 먼저 천사처럼 날개를 달고 머리에는 화환을 쓴 여인이 돌 계단 위에 앉아 있는 모습이 보입니다. 여인은 왼팔로 얼굴을 받쳤으며, 오른손은 컴퍼스를 잡고 있어요. 그런데 여인의 표정은 마치 세상의 종말이 다가온 듯 어둡고 침울해 보여요. 양미간을 잔뜩 찌푸렸으며 눈의 흰자위가 무섭게 번뜩입니다. 여인은 어딘가를 뚫어지게 바라보고 있어요.

세상만사가 죄다 귀찮은 것일까요? 여인이 앉은 주변에는 구와 자, 톱과 대패, 못, 집게 등 잡다한 도구들이 어지럽게 흩어져 있습니다. 여인의 발치에는 쇠약한 개 한 마리가 몸을 웅크리고 있어요. 그 개의 등뒤로 육중한 다면체가 금방이라도 굴러 떨어질 것처럼 위태롭게 서 있습니다. 맷돌 위에 쭈그리고 앉은 아기 천사는 고사리 같은 손으로 펜을 쥐고서 무언가를 열심히 끼적거립니다. 이런 물건들을 보는 것만도 머리가 혼란스러운데 그림의 배경을 보세요. 마방진과 종, 모래시계와 저울이 눈을 어지럽힙니다. 또 바다 위를 힘차게 날아가는 박쥐도 보입니다. 박쥐의 날개에는 '멜랑콜리아 1' 이라는 글자가 선명하게 적혀 있어요. 과연 이 복잡한 그림의 의미는 무엇이며, 박쥐의 날개에 쓰인 글자와 숫자는 무엇을 뜻하는 것일까요?

파노프스키는 이 신비한 그림을 이렇게 해석하고 있어요. 사람들은 흔히 기분이 우울할 때 '오늘 나는 멜랑콜리해.' 하고 말하곤 합니다. 사람을 무기력하게 만드는 심리적 질병을 '멜랑콜리아' 로 부르는데요, 그림은 '멜랑콜리아' 를 상징하는 주제와 소재들을 통해 우울증이 무엇인가를 알리고 있습니다. 너저

분하고 번잡한 실내 정경은 여인의 심사가 어지러우며 삶에 대한 의욕이 사라졌음을 나타내고 있어요. 한편 개와 박쥐는 멜랑콜리아를 상징하는 동물이며, 여인의 머리에 쓴 화환은 우울증을 치료하는 약초로 만든 것입니다. 이 모든 것은 여인이 심각한 우울증에 빠진 상태임을 말해주고 있어요.

그렇다면 박쥐의 날개에 쓰인 숫자 1은 무엇을 의미할까요? 바로 우울증 기질을 지닌 예술가를 뜻합니다. 뒤러가 살던 시절에 아그리파라는 유명한 학자가 <어둠의 철학>이라는 책을 출간했어요. 그는 자신의 책에서 인간이 최상의 진리를 깨닫기 위해서는 세 가지 단계를 거쳐야 한다는 이색적인 주장을 펼쳤습니다.

첫 번째인 1단계는 예술가이며 두 번째는 지식인, 세 번째는 신학자가 해당된다고 밝혔어요. 예술가는 천상의 영역으로 솟아오를 수 있는 세 번째 단계를 열망하지만 결코 도달할 수 없습니다. 그곳은 피안의 곳이기 때문입니다. 그래서 예술가는 필연적으로 우울증에 빠질 수밖에 없다고 말했어요. 아그리파는 16세기 유럽의 인문학자들이 신봉했던 '멜랑콜리=천재' 라는 등식을 이론에 담은 것입니다.

당시 지식인들은 '철학, 정치, 예술분야에서 탁월한 업적을 쌓은 사람' 을 모두 '우울증 환자' 로 여겼으며 '멜랑콜리한 증세' 를 '천재 특유의 광기' 로 보고 높이 평가했습니다. 따라서 박쥐의 날개에 적힌 1은 '멜랑콜리한 예술가' 를 의미합니다.

또한 이 그림은 뒤러 자신의 생각을 거울처럼 반영하고 있어요. 뒤러는 창작의 샘이 막힐 때마다 '무엇이 아름다움인지 나는 모른다. 오직 신만이 안다.' 고 자책했으며 '암흑에 휩싸인 나머지 아무 것도 생각할 수 없다.' 며 창작의 고통을 호소하기도 했어요. 또 영원한 진리를 찾아 헤매는 일에 지친 나머지 일기에 '멜랑콜리한 기분에 사로잡힌다.' 고 고백했습니다. 그런 한편 화가 지망생들에게 '너무 열심히 그림을 그리면 우울증이 덮쳐온다.' 고 경고한 후 현악기를 연주하며 머리를 식힐 것을 권했습니다.

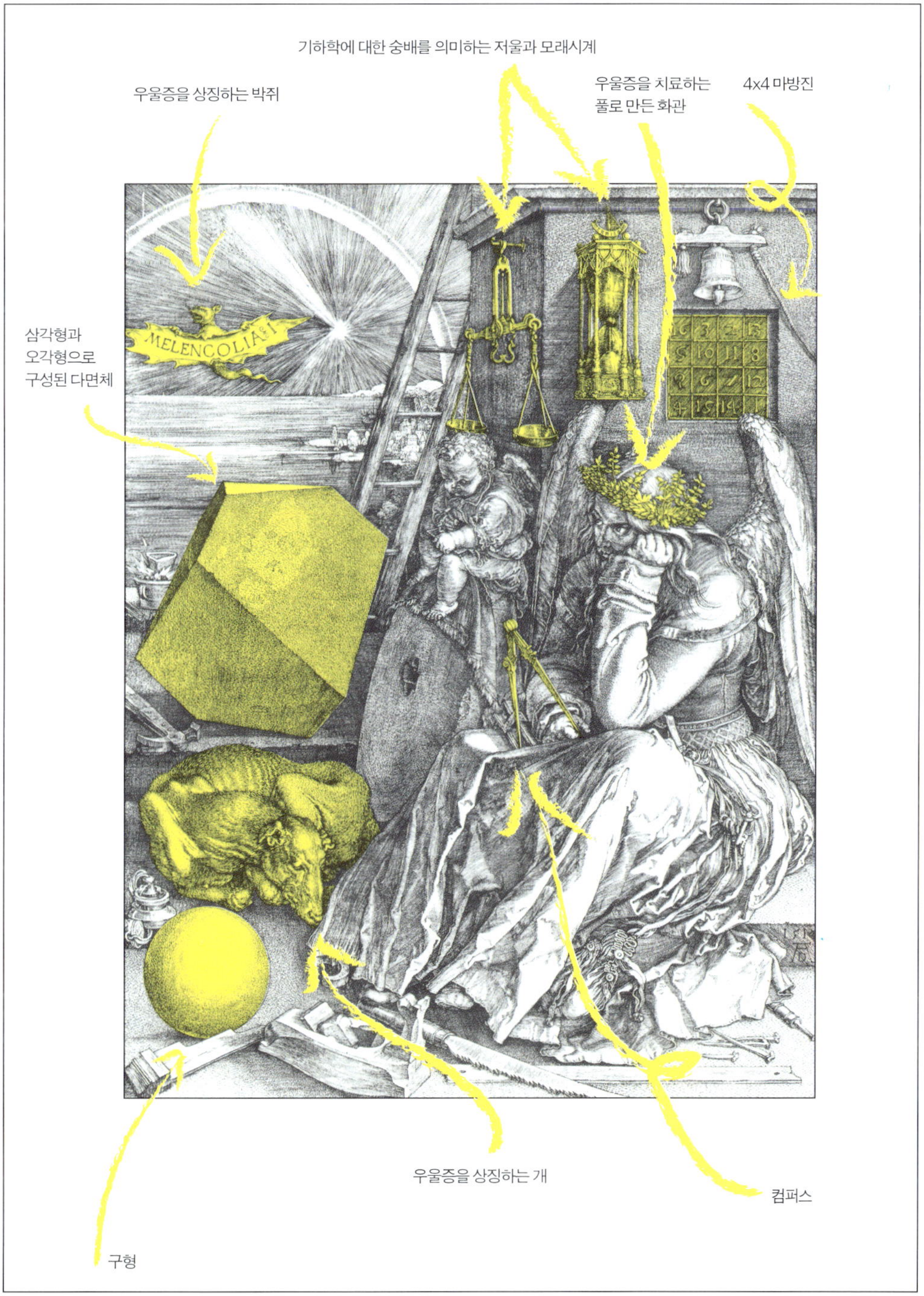

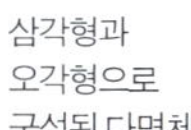

기하학에 대한 숭배를 의미하는 저울과 모래시계
우울증을 상징하는 박쥐
우울증을 치료하는 풀로 만든 화관
4x4 마방진
삼각형과 오각형으로 구성된 다면체
MELENCOLIA I
우울증을 상징하는 개
컴퍼스
구형

이렇게 그림에 나타난 우울증과 관련된 소재들과 박쥐의 날개에 적힌 숫자의 수수께끼는 풀렸어요. 그렇다면 그림에 기하학과 관련된 도구들이 유난히 많이 등장한 까닭이 궁금해집니다. <멜랑콜리아 1>뿐 아니라 뒤러의 그림에는 수학에 관한 상징물들이 자주 나타납니다. 뒤러가 기하학적 상징물을 그림에 표현한 것은 수학을 무척 사랑했기 때문입니다. 대다수의 르네상스 예술가들이 수학을 학문의 제왕으로 떠받들었지만 특히 뒤러는 열광적으로 수학을 신봉했어요. '창작품은 숫자와 무게, 비례에 따라 만들어진다.'고 잘라 말할 정도였습니다.

수학자들도 인정하는 뒤러의 기하학에 대한 숭배는 <멜랑콜리아 1>에서도 여실히 드러납니다. 그는 그림에 다각형, 구형, 컴퍼스, 마방진, 저울, 자, 모래시계 등 기하학에 관련된 도구들을 총동원했어요. 그래서 제목을 '멜랑콜리한 기하학', '기하학의 상징물로 된 멜랑콜리'로 바꿔 부르기도 하지요. 그런데 <멜랑콜리아 1>을 보면 유독 흥미로운 소재가 눈에 띄어요. 바로 배경 벽에 붙은 숫자 판입니다. 이것은 '마법의 숫자 판'으로 불리는데요, 신기하게도 네 숫자를 가로, 세로, 대각선 어느 방향으로 더해도 그 합이 똑같다고 해서 생긴 이름이지요.

지금까지 뒤러의 <멜랑콜리아 1>이 왜 명화인가를 미술로 풀어 보았는데요, 수학 선생님의 눈에도 이 작품은 흥미롭게 느껴질 부분이 많을 것 같아요. 그럼 선생님께서 수학으로 <멜랑콜리아 1>을 감상하는 방법에 대해 이야기해주세요.

　관장님의 설명대로 이 작품에는 여러 물건들이 등장해 눈길을 끄는데요, 그 중 왼쪽에 커다랗게 그려진 다면체에 대해 먼저 이야기할까 합니다. 이 다면체의 보이지 않는 부분까지 상상하며 면의 수를 세어 보세요. 맞아요. 이 다면체는 모두 여덟 개의 면(삼각형 두 개, 오각형 여섯 개)으로 구성되어 있습니다. 그렇나면 실세로 이 같은 모양의 다면체를 만들 수 있을까요? 민지 분도기와 자를 이용하여 내각이 각각 126 108-72-108-126도인 오각형 여섯 개를 그린 후 잘 오리세요. 그리고 이 오각형 여섯 개를 서로 붙인 후 여기에 맞는 이등변 삼각형 두 개를 만들어 붙이면 됩니다. 이렇듯 뒤러는 상상의 다면체를 그린 것이 아니라 정확하게 계산된 수학적 다면체를 그림 속에 등장시킨 것이지요.

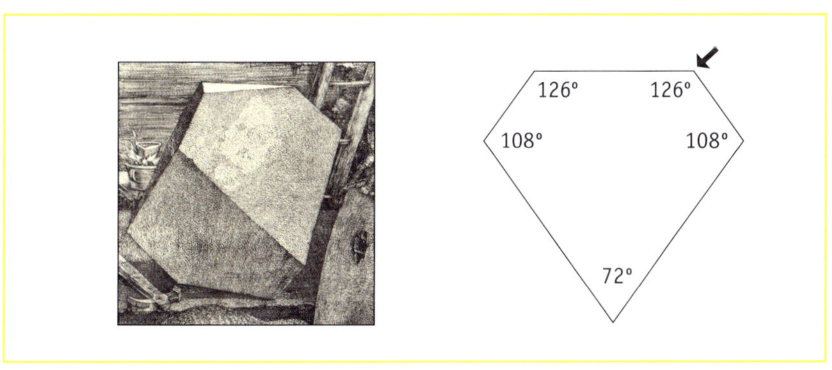

　이번에는 멜랑콜리아 오른쪽 위에 그려져 있는 정사각형 모양의 숫자 판에 대해 살펴보겠습니다. 이 숫자 판을 잘 관찰하면 1부터 16까지의 숫자들이 한 번씩 사용되어 배열되어 있음을 알 수 있어요. 특이한 점은 가로줄, 세로줄, 대각선에 배열된 네 수들의 합은 어느 것이나 34가 된다는 점이죠. 예를 들어 가로줄 중 4, 15, 14, 1이 포함된 줄에 주목하면 그 수의 합이 34가 됨을 알 수 있습니다. 특히 14와 15는 이 그림의 제작연도인 1514년과 일치하기도 하지요.

　이번에는 대각선의 끝에 위치한 숫자들을 생각해 보겠습니다. 16과 1을 더하면 17이고, 13과 4를 더하면 17이 됩니다. 마찬가지로 안쪽의 작은 정사각

16	3	2	13
5	10	11	8
9	6	7	12
4	15	14	1

·가로줄 숫자들의 합
16+3+2+13=34
5+10+11+8=34
9+6+7+12=34
4+15+14+1=34

·세로줄 숫자들의 합
16+5+9+4=34
3+10+6+15=34
2+11+7+14=34
13+8+12+1=34

·대각선 숫자들의 합
16+10+7+1=34
13+11+6+4=34

형에서 대각선 방향에 있는 숫자 10과 7, 11과 6의 합도 17이 됩니다. 이 수들의 합은 어느 것이나 짝수와 홀수의 합으로 표시되지요. 동양에서 홀수는 해와 하늘을 상징한다 하여 양(陽) 또는 천수(天數)라 불렸고, 짝수는 달과 땅을 상징하여 음(陰)또는 지수(地數)라 불렸습니다. 이런 관점에서 보면 이 수들의 합은 하늘과 땅의 조화 또는 음양의 조화를 상징하는 셈이 되겠지요.

이 숫자 판은 정사각형 안에 숫자들을 신기하게 배열했다는 것으로 대개 '마법의 진' 또는 '마방진'이라 불리기도 합니다. 수학에선 가로, 세로 숫자들의 개수를 강조하여 '4×4 마방진'이라 부릅니다.

그런데 뒤러는 <멜랑콜리아 1>에 왜 4×4 마방진을 그려 넣었을까요? 당시에는 수에 신비한 의미를 부여하여 3×3 마방진은 토성, 4×4 마방진은 목성, 5×5 마방진은 화성, 6×6 마방진은 태양, 7×7 마방진은 금성, 8×8 마방진은 수성, 9×9 마방진은 달을 상징한다고 믿었습니다. 창의적인 일을 하는 사람은 토성(측량, 연금의 신)의 영향을 받는다고 생각했고 사색에 열중하면 우울한 기질이 생기므로 목성의 힘을 빌리면 기분을 전환할 수 있다고 믿었습니다. 그래서 마방진을 그려 넣은 것이지요.

비록 수학을 수학답게 접근한 것은 아니었지만 이 같은 신비주의와 수학의 결합은 일반 대중들에게 수와 도형에 관심을 가질 수 있는 계기를 마련했습니다. 그 이후 사람들 사이에 마방진에 대한 연구가 활발해지면서 다양한 모양의 마방진까지 생겨났습니다. 마방진과 관련하여 조선시대 화가였던 김홍도의 그림 <씨름>을 살펴보지요.

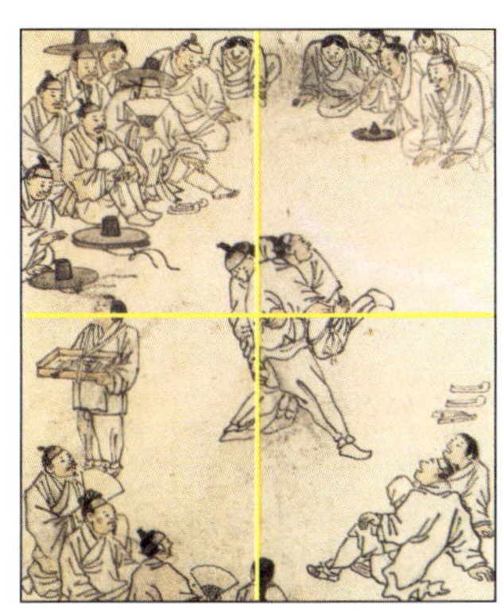

그림의 중앙을 보면 씨름하는 두 선수를 볼 수 있는데요, 이 선수들을 기준으로 가로선과 세로선으로 한 점(원점)에 모이도록 열십(十)자 모양으로 선을 그으면 그림은 네 개의 영역으로 나뉘게 됩니다. 이 네 개의 영역 중 오른쪽 윗부분을 제 1사분면, 왼쪽 윗부분을 제 2사분면, 왼쪽 아랫부분을 제 3사분면, 오른쪽 아랫부분을 제 4사분면이라 부릅니다. 원점과 각 사분면에 모여 있는 사람들을 수로 표현해 보세요. 어떤 특징을 발견할 수 있을까요?

대각선에 위치한 세 수들의 합이 모두 12가 됨을 알 수 있습니다. 이 같은 신기한 수의 배열을 'X자형 마방진'이라 부르기도 합니다. 이 마방진에는 또 다른 재미있는 수의 신비가 숨어 있어요. 8을 기준으로 보면 가로의 합(8+5)과 세로의 합(8+5)은 13이고, 오른쪽 밑의 2를 기준으로 보면 가로의 합(5+2)과 세로의 합(5+2)이 7임을 알 수 있습니다. 신기하게도 이 수들은 어느 것이나 짝수와 홀수의 합으로 표시되지요. 관장님, 김홍도의 <씨름>을 미술이 아닌 수학적인 관점에서 살펴보니 어떤 느낌이 드시는지요? 아마도 흥미롭고 유쾌하셨을 것 같은데요, 이번에는 김홍도의 <씨름>을 미술적인 관점에서 이야기해 주셨으면 합니다.

김홍도는 한국 미술사를 통틀어 가장 위대한 풍속화가로 인정받고 있어요. 그가 한국이 자랑하는 최고의 화가로 평가받는 이유가 있습니다. 한국민의 고유한 정서를 자신만의 독창적인 화법으로 그림에 완벽하게 접목시켰기 때문입니다.

미술이란 말 그대로 '아름다움을 기술로 구현하는 것'을 뜻합니다. 즉 화가의 고유한 생각과 감정, 사상을 선과 색채, 형태, 질감 등으로 표현하는 것이지요. 다시 말해 내용과 형식이 아름다운 조화를 이룰 때 비로소 미술이라고 부릅니다. 따라서 화가는 자신의 생각을 보다 효과적으로 전달하기 위해 선과 색채, 형태 등을 능숙하게 다뤄야 합니다. 대가들은 천부적으로 내용과 형식을 완벽하게 결합시키는 능력을 지니고 있어요. 그들은 단순하게 보이는 선 하나를 바꾸어도 조화가 깨지고 붓 터치만 달리해도 커다란 변화가 일어난다는 사실을 본능적으로 알고 있습니다.

김홍도가 위대한 화가로 칭송받는 것은 그가 한국 민중의 보편적인 정서를

김홍도(金弘道, 1745~1806?) | 〈씨름〉 | 풍속화첩 중

탁월한 기술로 표현했기 때문입니다. 그의 대표작으로 손꼽히는 풍속화첩을 보면 '명화란 이런 것이구나.' 하고 금세 느낄 수가 있어요. 풍속화첩이란 서민들의 다양한 일상사와 정서, 해학이 담긴 총 25점의 그림을 말하는데요, 지금 감상한 <씨름>은 이 풍속화첩에 실려 있습니다.

김홍도의 풍속화첩은 '조선후기 풍속화의 백과사전'으로 불러도 전혀 손색이 없을 정도로 빼어나지만 특히 <씨름>은 화면의 구도와 구성 능력이 발군인, 걸작 중의 걸작으로 평가받고 있습니다. 왜 명작인가 자세히 분석해 보겠어요.

그림 중앙에 두 씨름꾼이 한창 시합에 열을 올리고 있어요. 장사들은 젖 먹던 힘을 다해 씨름 기술을 발휘하고 있습니다. 승부는 절정에 도달하고 있어요. 등을 보인 장사가 들배지기라는 기술을 구사해 상대선수를 번쩍 들어 바닥에 냅다 꽂으려는 순간입니다. 김홍도는 이 긴장된 순간의 열기를 강조하기 위해 의도적으로 원형 구도를 선택했어요. 원형 구도를 취하면 관객의 눈길을 단숨에 씨름판 중앙으로 끌어들이는 이점이 있어요. 그리고 손에 땀을 쥐는 긴장감을 고조시키기 위해 관객이 위에서 씨름판을 내려다보는 시점을 취했어요. 상대방을 땅에 내던지고, 안간힘을 쓰면서 방어하는 두 장사의 힘과 투지를 보다 실감나게 느끼게 하기 위해서이지요.

또 먼 곳을 바라보며 익살스런 표정을 짓는 엿장수 소년을 보세요. 소년은 한판 승부가 벌어지는 씨름판의 열기를 등진 채 짐짓 딴청을 부리듯 어딘가를 바라보고 있어요. 그런데 이 엿장수의 역할이 절묘해요. 만일 소년의 존재가 없다고 가정해 보세요. 구도가 화면 중앙으로 쏠려 답답한 느낌을 주었을 거예요. 김홍도의 천재성은 관객의 눈길을 씨름이 벌어지는 한복판으로 집중시키면서도 작은 변화로 화면의 숨통을 틔어주는 것에서 확인할 수 있습니다. 그는 혹 사람들에게 씨름판처럼 긴박하게 돌아가는 일상 속에서 엿장수 소년처럼 여유를 찾으라는 교훈을 던지고 싶었던 것은 아닐까요?

추측하기

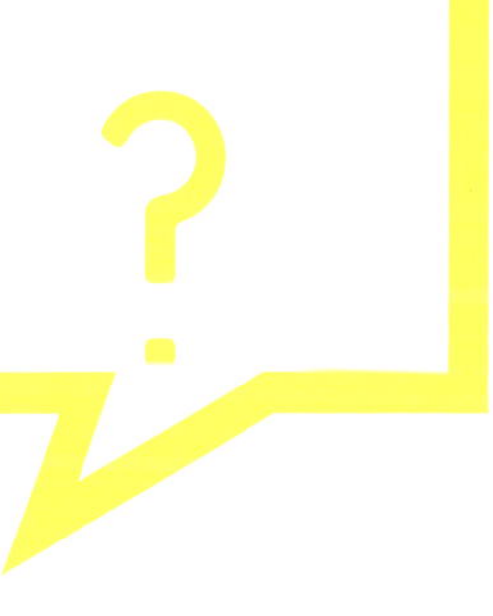

1-1. 옛날 중국 하나라의 우왕(禹王)은 홍수를 다스리기 위해 낙수(洛水)의 물을 퍼냈습니다. 그러자 바닥에서 이상한 모양의 무늬가 등에 그려진 거북이 한 마리를 발견할 수 있었어요. 우왕이 이 무늬를 신비롭게 여겨 그림으로 옮겼는데 이것이 오늘날 전해지는 낙서(洛書)라고 합니다. 여기에 그려진 점의 개수를 아라비아 숫자로 바꾸어 보세요. 어떤 모양의 마방진을 얻을 수 있을까요?

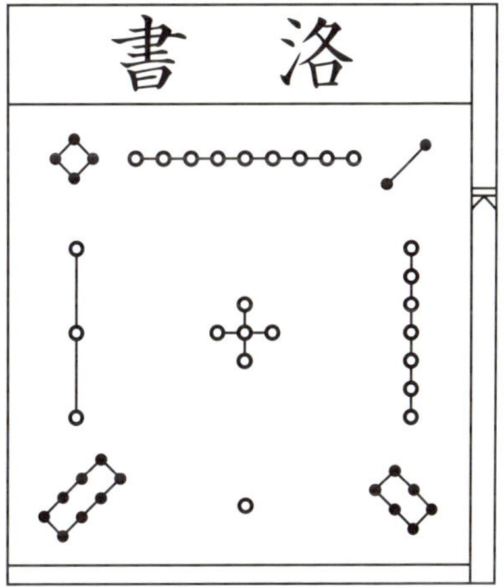

1-2. 김홍도의 〈씨름〉에 등장하는 씨름선수들이 신발을 벗어 놓고 씨름을 하고 있는 모습을 발견할 수 있는데요, 이 관찰로부터 이 경기의 승자와 씨름을 할 다음 씨름선수를 찾아낼 수 있습니다. 잘 관찰하여 다음 선수가 누구인지 추측해 보십시오. 추측은 수학적 발견의 첫걸음이니까요!

☞ 해답 P. 232

마그리트의 고백을 토대로 이런 수수께끼를 던져 보겠어요. 이젤을 옆으로 비끼면 과연 어떤 바깥경치가 펼쳐질까요? 화가는 실제 풍경을 그린 것일까요? 아니면 마음속 풍경을 그린 것일까요? 이처럼 마그리트는 안이면서 바깥인 창문과 내부이면서 외부인 그림 속 그림을 통해 철학적 질문을 던지는 동시에 관객에게 수수께끼를 유도하는 재미를 줍니다.

〈인간의 조건 Ⅰ〉과 〈화실〉의 이젤은 왜 다리가 셋일까요?

마그리트는 수수께끼 그림의 대가로 알려져 있어요. 그는 익숙한 상황을 뒤집거나 눈속임 기법을 사용해 관객을 혼란스럽게 만들어요. 그의 그림은 한 편의 추리소설처럼 흥미진진해요. 그럼 신기한 그림의 대가인 그의 재능을 눈으로 직접 확인해 보겠어요.

잘 정돈된 방 안이 보이고 투명한 유리창 밖으로 드넓은 하늘과 아담한 둔덕, 들판이 펼쳐져 있습니다. 창 밖 풍경이 너무도 싱그러워 서둘러 창문을 열고 바깥 공기를 호흡하고 싶은 충동이 듭니다. 그런데 유리창을 유심히 관찰해 보세요. 창문에 비친 풍경은 바깥 경치가 아닌 이젤 위에 올려진 그림입니다. 화가는 한 점의 멋진 풍경화로 교묘히 창문을 가리고 있어요. 말하자면 그림 속의 또 하나의 그림이 있는 셈이지요.

누군가 창가에서 밖을 내다보며 풍경을 그린 것일까요? 캔버스에는 창문에 비친 경치와 똑같은 풍경화가 그려져 있습니다. 그러나 화가는 깜박 속을 뻔한 관객에게 힌트를 주었어요. 그림 안에 또 하나의 그림이 숨겨져 있음을 알리기 위해 화폭에 캔버스 옆면과 집게를 그려 넣었어요. 덕분에 관객은 '내가 과연 캔버스 위에 그려진 풍경을 보는 것일까, 아니면 바깥 풍경을 보는 것일까?' 하는 의문이 생깁니다.

마그리트는 왜 이런 알쏭달쏭한 그림을 그려 관객의 머리를 혼란스럽게 만든 것일까요? 그는 '그림 속 이미지와 실제 모습이 같은가?'에 대한 질문을 던지고 있는 것입니다. 마그리트가 이런 철학적인 문제를 그림에 표현한 것은 그 자신 미술의 본질에 대해 심각하게 고민하고 있었기 때문입니다.

르네상스 이후 미술가들은 세상을 화폭에 똑같게 옮기는 것을 자신들의 가장 큰 임무로 생각했어요. 가령 관객으로부터 '국화빵처럼 닮았다. 어쩜 저렇게 실제와 똑같이 그렸을까?' 하는 말을 들으면 화가는 어깨가 으쓱해졌습니다. 자신이 '뛰어난 재능을 지닌 화가'라는 칭찬으로 받아들였으니까요.

그러나 화가의 손 솜씨보다 월등한 사진기가 발명되면서 화가들은 똑같이 묘사하는 것에 대한 특권을 빼앗겼어요. 아울러 대상을 화폭에 똑같이 재현하는 것에 대해 의문을 가졌어요. 마침내 미술가들은 대상을 모방하는 것에 집착하지 않게 되었습니다.

마그리트 역시 미술의 본질에 대해 고민하는 다른 화가들처럼 미술이 새롭게 나아가야 할 방향을 탐구했어요. 눈에 보이는 세계를 아무리 그럴 듯하게 화폭에 옮겨도 그것은 단지 그림일 뿐이며 실제가 아니라는 확신을 가졌습니다. 그는 자신의 오랜 숙제인 그림 속 이미지와 실제가 같은가에 대한 질문을 이 작품을 통해 관객에게 던지고 있는 것이지요.

그는 작품의 의도를 이렇게 설명하고 있어요.

'나는 캔버스에 의해 교묘하게 가려진 경치의 일부분을 정확하게 묘사한 그림을 실내 창문 앞에 세워두었다. 그림 안에 묘사된 나무가 시야를 가려서 방 밖의 나무를 감추고 있다. 말하자면 화면의 나무는 방 내부에 놓여진 그림 안과 방 외부에 펼쳐진 실제 풍경이라는 이 두 가지가 동시에 감상자의 마음속

에 존재하는 것이다. 우리는 세상을 어떻게 바라보는가.'

　마그리트의 고백을 토대로 이런 수수께끼를 던져 보겠어요. 이젤을 옆으로 비끼면 과연 어떤 바깥경치가 펼쳐질까요? 화가는 실제 풍경을 그린 것일까요? 아니면 마음속 풍경을 그린 것일까요? 이처럼 마그리트는 안이면서 바깥인 창문과 내부이면서 외부인 그림 속 그림을 통해 철학적 질문을 던지는 동시에 관객에게 수수께끼를 유도하는 재미를 줍니다. 김홍규 선생님은 마그리트의 그림에 보이는 창문이 방 안 풍경 같은가요? 아니면 창 밖 풍경 같은가요?

　또한 커튼의 주름과 가로로 놓인 창틀이 수직선과 수평선을 생각나게 합니다. 하지만 그것보다 더 중요한 도형이 이 그림에 숨어 있답니다. 이젤의 다리

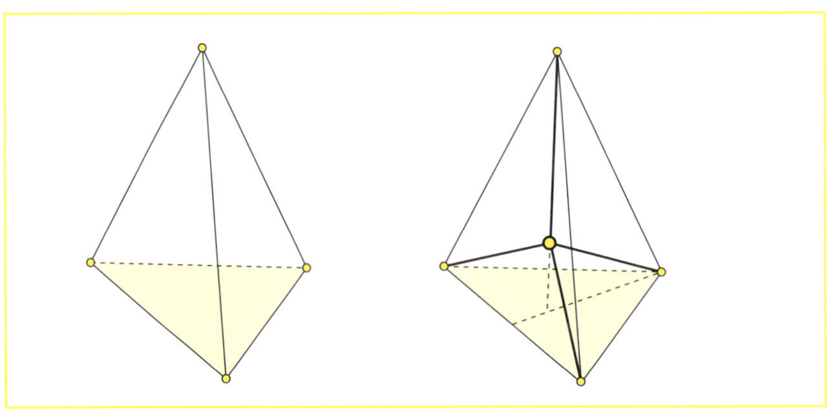

테트라포드

에 가상의 선을 그어 위로 연결시켜 보세요. 세 개의 선이 집게에서 만나지요. 여기에 이젤의 다리를 연결하면 사면체가 됩니다. 사면체의 무게중심과 네 개의 꼭짓점을 선분으로 연결시키면 마치 무게중심에서 뻗어나간 네 개의 가지처럼 보여요. 이 모양은 항구 부근에서 쉽게 발견되는 테트라포드(네 개의 발이란 뜻)와 아주 유사합니다. 보통 바닥에 세 개의 발이 닿아 있다고 해서 '삼발이'라 불리기도 하지요. 자세히 보면 테트라포드의 다리는 네 개이지만 땅을 디디고 있는 것은 세 개뿐임을 알 수 있어요. 하지만 큰 파도가 밀려와도 휩쓸리지 않고 바닷물을 막아준답니다. 왜냐하면 물체는 물리적으로 다리가 세 개일 때 가장 안정적이기 때문이지요.

김환기 화백은 한국이 세계에 자랑할 수 있는 대표적인 현대화가입니다. 그

는 새로운 미술에 대한 갈망 때문에 한국을 떠나 오랫동안 서구 미술의 본고장이라고 할 수 있는 파리에서 활동했어요. 그러나 비록 몸은 조국을 떠났지만 마음은 늘 고향에 두고 있었어요. 우리의 정서와 가락, 멋스러움을 서양화 기법과 접목시키기 위해 노력을 아끼지 않았습니다.

그럼 그가 어떻게 한국의 미와 서양화 기법을 성공적으로 결합했는지 살펴보겠어요. 이 그림은 김환기 화백이 파리에 있는 자신의 작업실을 그린 것입니다. 화면은 대담하게 세 부분으로 나누어져 있어요. 화면 아래쪽에 캔버스가 올려진 이젤이 놓여 있으며, 단아한 항아리가 바닥을 장식합니다. 신기하게도 이 그림에서도 마그리트의 <인간의 조건 Ⅰ>처럼 그림 속의 그림과 이젤이 등장하고 있습니다. 한편 화면 중앙에는 휘영청 둥근 달이 창살에 걸렸으며, 붉은 커튼이 푸른 밤을 아름답게 수놓습니다. 화면 위쪽은 구름 사이를 유유히 날아가는 새를 묘사했어요. 화가는 창 밖에 펼쳐진 낭만적인 밤 풍경에 매료된 나머지 감흥을 이기지 못해 그 진한 감동을 화폭에 옮긴 것입니다. 그러나 이젤 위의 그림을 보세요. 비록 캔버스에 유화로 그렸지만 둥그런 보름달과 은은한 백자, 멋들어진 매화 가지는 한 폭의 동양화를 연상시킵니다.

이런 소재들은 모두 한국의 자연과 정서가 담긴 한국의 미를 상징하는 물건들입니다. 이 그림을 그릴 당시 김환기 화백은 프랑스 파리에 유학 중이었어요. 미지의 세계를 경험하고 싶은 부푼 꿈을 품고 고국을 떠났지만 낯선 해외 문화를 접할수록 우리 것에 대한 그리움이 더욱 샘솟았습니다. 그는 타국의 밤을 보내면서도 한국의 밤 풍경을 저절로 떠올렸어요. 그리움에 젖은 그는 파리의 밤 풍경을 한국의 밤 풍경으로 바꿔 그렸습니다. 그는 한국 사람의 눈과 마음으로 타국을 보고 느낀 것이지요.

김환기 화백의 그림을 보면 유독 달과 항아리가 자주 등장합니다. 도자기

김환기(金煥基, 1913~1974) | 〈화실〉 | 1957
ⓒ2005 환기미술관

속에 달 풍경이 그려지고 달 속에 도자기 문양이 새겨지기도 합니다. 그는 왜 그토록 자주 항아리와 달을 그림에 표현한 것일까요? 둥근 항아리와 둥근 보름달은 한국적인 아름다움을 상징하기 때문입니다. 그는 이런 생각을 증명하듯 다음과 같은 말을 남겼어요.

'달의 형태가 항아리처럼 둥근 것이어서도 그렇고 그 내용이 항아리처럼 은은한 것이어서 그런지도 모른다.'

김환기 화백은 고향을 상징하는 달과 항아리를 그리면서 조국에 대한 그리움을 달랜 것입니다.

조금 전에 선생님이 설명하신 것처럼 <화실>에 등장한 이젤도 카메라의 삼각대나 측량기처럼 다리가 세 개이기 때문에 가장 안정적이겠는데요, 이젤 이야기 외에 또 어떤 재미있는 수학이야기를 들려주시겠어요?

원 모양의 달과 창살, 커튼이 어우러져 마치 조각배를 연상시키는군요. 이제 캔버스 그림에 주목해 보도록 하죠. 캔버스의 가로로 놓인 나뭇가지가 수평선을 생각나게 하고, 캔버스 위로 창살처럼 보이는 검은 선은 수직선을 떠올리게 합니다. 제가 수평선과 수직선에 주목하는 것은 이 그림에서 다룰 특징적인 수학적 요소가 바로 수평선과 수직선이기 때문이지요.

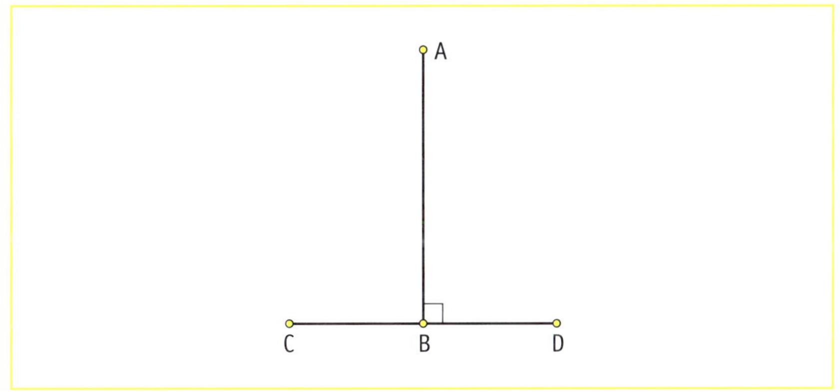

　수평선과 수직선은 어떤 특징이 있을까요? 칠판에 가로와 세로의 길이가 같은 정사각형을 그려 보세요. 이렇게 그린 도형이 정사각형으로 보이나요? 아니죠, 세로변의 길이가 가로변의 길이보다 더 길어 보입니다.

　좀 더 구체적인 실험으로 이 사실을 확인해 볼까요? 길이가 같은 선분 AB와 CD를 서로 직각이 되게 그려 보세요. 수직방향으로 놓인 선분(세로 선분) AB가 수평방향으로 놓인 선분(가로 선분) CD보다 길어 보입니다. 그래서 세로선이 많은 옷을 입으면 더 늘씬해 보이고 가로선이 많은 옷을 입으면 더 뚱뚱해 보이는 것이지요. 또한 길이가 같은 세 선분의 양끝을 꺾어 각을 크게 하면 그 길이가 달라 보입니다. 눈에 보이는 것이 전부는 아닌 셈이지요. 같은 길이를 갖는 선분도 이처럼 배열방법과 각에 따라 다르게 보일 수 있는 것이지요.

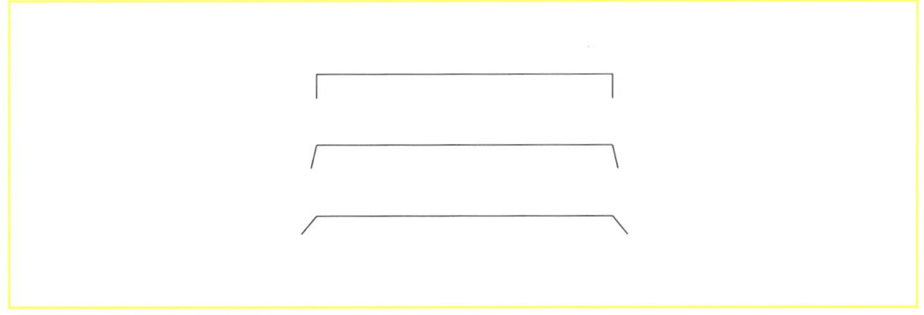

　〈인간의 조건 I 〉과 〈화실〉의 이젤은 왜 다리가 셋일까요?

　직사각형 ABCD에서 두 선분 BC, DA 위에 각각 중점 E, F를 잡아 선분 AE와 선분 ED를 그려 보세요. 두 선분 AE와 ED는 길이가 같지요. 그런데 두 선분 AE와 선분 ED의 길이는 일정하게 하고 직사각형의 각을 변형하여 평행사변형을 만들면 어떻게 될까요? 실제로 두 선분의 길이가 같음에도 불구하고 우리 눈에는 선분 AE가 선분 ED보다 길어 보입니다.

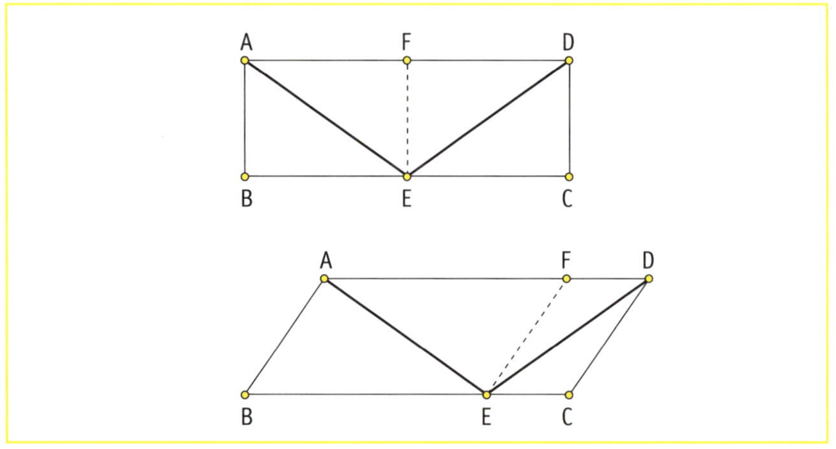

　그러면 이번에는 마그리트의 작품과 김환기 화백의 작품에서의 공통점과 차이점을 생각해 볼까요? 먼저 두 그림의 공통점은 수평선, 수직선, 이젤이 있다는 점과 안과 밖을 구분할 수 있다는 점이겠죠. 두 그림의 차이점은 마그리트의 그림에서 하늘을 떠다니는 것이 구름이라면, 김환기 화백의 그림에서는 새입니다. 뿐만 아니라 마그리트의 그림에서 밖과 안의 경계가 모호하다면 김환기 화백의 그림은 그 경계가 분명함을 알 수 있어요. 하지만 두 작가의 그림은 우리에게 재미있는 상상과 아름다움을 안겨준다는 점에서 그 어떤 작품들보다 깊은 인상을 주는 것 같습니다. 바로 이런 점이 위대한 명화들이 우리를 사로잡는 진정한 이유겠지요?

2. 마그리트와 김환기의 그림에서는 다리가 셋인 이젤이 등장하는데요, 이와 관련된 문제를 풀어보도록 하지요. 성냥개비 여섯 개를 배열하여 정삼각형 네 개를 만들어 보세요.

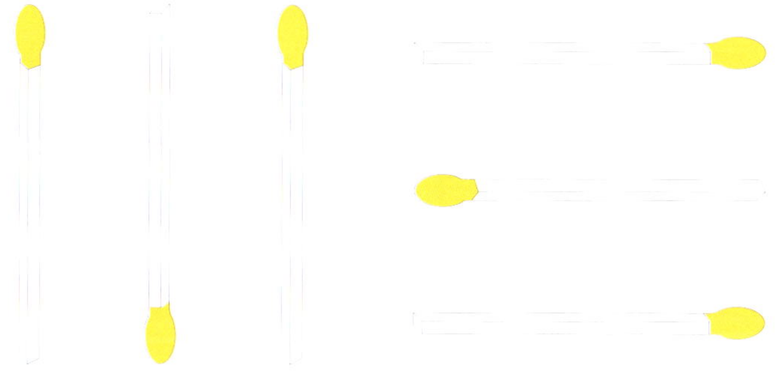

☞ 해답 P. 233

보티첼리는 비너스의 몸체를 수학적 비례를 엄격히 준수해 그렸어요. 그는 당시 화가들이 하늘처럼 신봉했던 카논을 그림에 적용했습니다. 카논이란 아름다움의 기준을 설정한 수학적 비례 법칙을 말해요. 르네상스 시대 화가들은 아름다움이란 신체 부분들이 각각 조화로운 비례를 이룰 때 탄생한다고 믿었어요.

〈비너스의 탄생〉과 〈헥토르와 안드로마케〉의 아름다운 인체에 나타난 황금비는?

지금 이 장면은 그리스 신화에 나온 미의 여신 비너스의 탄생을 묘사한 것입니다. 신화에서는 비너스가 파도의 거품 속에서 태어났다고 전하고 있어요. 그러나 보티첼리는 예술가다운 상상력을 발휘해 여신이 커다란 조가비를 타고 해안에 도착한 순간을 연출했습니다. 아름다운 비너스가 뭍에 막 발을 내딛으려는 찰나 과실나무의 요정인 포모나가 황급히 망토를 손에 든 채 여신을 영접합니다. 화면 왼쪽에서는 서풍의 신 제피로스가 공중에 뜬 채 비너스가 탄 조가비를 향해 한껏 입김을 불어넣고 있어요. 제피로스의 품에 안긴 꽃의 여신 플로라는 아름답고 향긋한 꽃들을 사방에 피어나게 합니다. 부부인 두 신은 갓 태어난 비너스를 위해 생명의 숨결과 꽃들의 아름다움을 선사하는 것이지요.

이 그림은 미술사를 통틀어 가장 아름답고 우아한 그림 중 하나로 손꼽히고 있어요. 특히 우아함에 관한 한 따를 그림이 없다는 평을 받고 있습니다. 그 우아함의 비밀이 무엇인지 함께 풀어보기로 하겠어요.

먼저 비너스의 몸을 보세요. 커다란 몸체가 화면을 가득 채웠지만 체중이 전혀 느껴지지 않아요. 여신은 깃털처럼 가벼워 보입니다. 비결은 비너스의 무게중심을 오른편으로 쏠리게 하면서도 왼발을 살짝 띄워 운동감을 주었기 때

보티첼리 (Sandro Botticelli, 1445~1510) | 〈비너스의 탄생〉 | 1485

문이에요. 이 때문에 비너스는 서 있는 것이 아니라 물 위에 떠있는 듯한 느낌을 줍니다. 또 얼굴의 방향을 왼쪽으로 가볍게 돌려 몸체가 오른편으로 과도하게 쏠리는 것을 보완했어요. 덕분에 기다랗고 가녀린 목이 더욱 두드러져 보입니다. 아울러 풍성한 머리카락이 어깨선을 타고 내려 물결처럼 몸체에 흐르게 했어요. 머리 타래는 아름답고 섬세한 몸체의 윤곽선을 더욱 드러내는 효과를 줍니다. 그 뿐이 아니에요. 비너스의 얼굴은 부드러운 달걀형입니다. 각진 면이 없는 계란형 얼굴은 부드럽고 우아한 아름다움을 표현하는데 적격이지요. 보티첼리는 '선을 긋기만 해도 우아미가 창조된다.' 는 찬사를 받았던 대가답게 치밀한 연출을 통해 우아미의 극치를 보여준 것입니다.

그러나 한없이 부드럽고 우아하게만 보이는 이 그림은 실은 철저한 수학적 계산 끝에 탄생한 것이랍니다. 보티첼리는 비너스의 몸체를 수학적 비례를 엄격히 준수해 그렸어요. 그는 당시 화가들이 하늘처럼 신봉했던 카논을 그림에 적용했습니다. 카논이란 아름다움의 기준을 설정한 수학적 비례 법칙을 말해요. 르네상스 시대 화가들은 아름다움이란 신체의 각 부분들이 조화로운 비례를 이룰 때 탄생한다고 믿었어요. 예를 들어 한 손가락과 다른 손가락, 열 손가락과 손의 다른 부분, 손과 손목, 팔목이 다른 지체와 조화롭게 비례를 이룰 때 인체는 아름답게 보인다고 믿었던 것이지요.

인체의 일부가 나머지 부분과 비례될 때 예술품이 된다는 카논은 예술가들을 매료시켰어요. 절대적인 아름다움의 비결을 찾았다고 판단한 화가들은 인체를 측정하기 위한 부단한 노력을 기울였어요. 한 손에는 자와 컴퍼스를 들고 얼굴과 육체의 각 부위를 세밀하게 측정하는 한편 다른 손은 붓을 들고 그림을 그렸습니다. 당시 수학에 열광한 예술가들의 분위기를 단적으로 증명한 사례가 있어요. 르네상스 화가들의 교과서로 불리는 <회화론>의 저자인 알베르티는 평소 입이 닳도록 화가들에게 '화가는 기하학을 모르면 결코 그림을 제대로 그릴 수 없다.'고 말하곤 했어요.

　그는 이를 입증하듯 <회화론> 3권에서 이렇게 주장하고 있어요.

　'나는 화가에게 가능한 모든 학문과 예술분야를 고루 섭렵하라고 권하고 싶습니다. 그러나 그 무엇보다도 기하학을 먼저 배워야 합니다.……화가는 무슨 수를 써서라도 기하학을 공부해야 한다고 단정합니다.'

　수학은 모든 학문의 기초요, 수학을 모르면 회화의 어떤 법칙도 이해할 수 없다고 단언한 엘베르티의 이론은 당대 예술가들에게 절대적인 영향을 끼쳤어요. 레오나르도 다 빈치는 인물상을 그리기 위한 원적 문제에 몰두했으며, 뒤러는 <인체 비례론>을 저술하기 위해 무려 200개가 넘은 인체 모형을 대상으로 연구를 거듭했습니다.

　보티첼리 역시 미의 구성 요소를 수학적 비례로 정립시킨 카논의 세례를 받지 않을 수 없었습니다. 그러나 위대한 보티첼리는 수학적으로 분석한 정밀한 아름다움에 시적인 감성을 보탰어요. 비너스 몸체의 중심선을 직선보다 곡선에 가깝게 했으며 인체에 미세한 변화를 주었어요. 그는 엄격한 수학적 계산 끝에 창조된 절대미보다 우아미가 한 수위임을 보여주고 싶었던 것이지요.

　인체와 얼굴길이의 비례를 계산하면 7등신, 8등신이 탄생하고 황금비를 얼굴에 적용하면 완벽한 미인이 창조된다는 인체 비례 이론은 비단 르네상스 시대에 해당된 것은 아닙니다. 오늘날에도 얼마든지 찾을 수 있어요. 가령 미인 대회의 경우를 보세요. 7등신, 8등신을 근거해 최고 미인을 뽑습니다. 또 성형 수술을 할 때도 황금비를 적용해 성형 미인을 만들어 냅니다. 이처럼 미술에서는 황금비를 아름다움의 비결로 활용하고 있어요. 그렇다면 수학적으로 황금비는 어떻게 계산될까요? 선생님께서 보티첼리의 그림을 예를 들어 황금비에 관한 이야기를 들려주세요.

　그림의 세로 길이만큼, 그림의 오른쪽부터 시작하여 가로 부분을 나누어 보면 전체 그림은 크게 두 부분(직사각형, 정사각형)으로 분할됩니다. 이때 생긴 작은 직사각형과 전체 그림이 이루는 큰 직사각형 사이에는 어떤 비례관계가 있을까요? 큰 직사각형에서 짧은 변의 길이를 1, 긴 변의 길이를 x라 하면, 작은 직사각형에서 짧은 변의 길이는 $(x-1)$이 되고 긴 변의 길이는 1이 됩니다. 두 직사각형은 서로 닮은 관계에 있으므로 $x-1:1=1:x$ 라는 등식이 성립되겠지요. 이 등식을 풀어 양수 x의 값을 구하면 $\dfrac{1+\sqrt{5}}{2}$ 인데 이 수를 소수로 고쳐 유리수로 표현하면 약 1.618이 얻어집니다. 따라서 보티첼리의 <비너스의 탄생> 그림에서 가로 길이는 세로 길이의 약 1.6배에 가깝게 됩니다. 보티첼리의 그림에 황금비 1 : 1.618이 숨어 있었던 셈이지요.

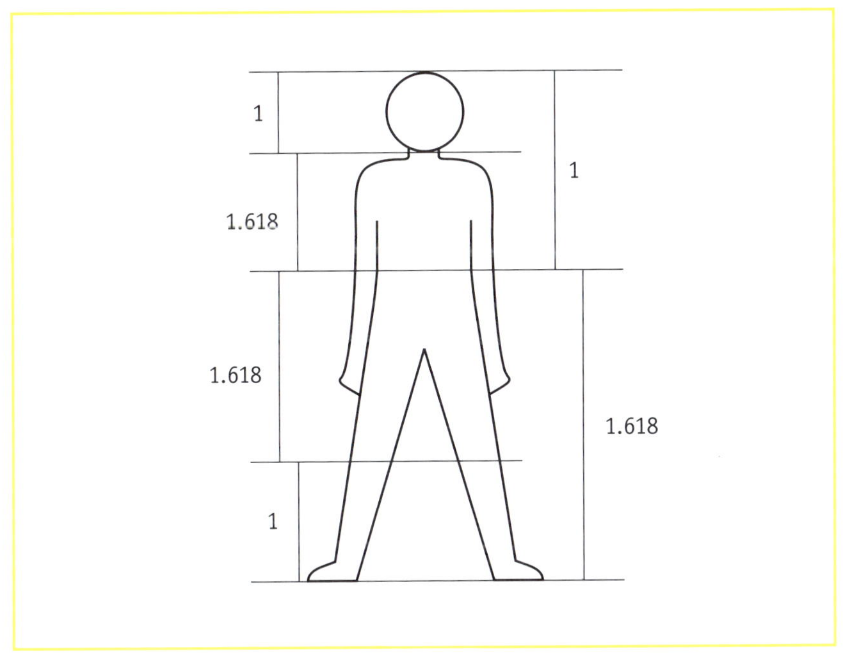

황금비는 간단히 5 : 8 또는 8 : 13으로 사용되기도 하는데요, 인체에도 이 같은 황금비가 숨어 있습니다. 보티첼리가 그린 비너스를 잘 살펴보면 5 : 8의 비로 그려져 있음을 확인할 수 있어요.

하지만 이 같은 전통은 현대미술가들의 무의식 속에도 깊은 흔적을 남겼습니다. 초현실주의 선구자인 키리코의 그림은 수학적으로 재단한 맞춤 인체를

상징적으로 보여주고 있어요. <헥토르와 안드로마케, 1917>그림을 보면 그가 얼마나 수학을 중시했는가를 알 수 있습니다.

이 장면은 트로이 왕자 헥토르와 아내인 안드로마케가 그리스의 영웅 아킬레우스와의 결투를 코앞에 두고 작별을 나누는 안타까운 순간을 묘사한 것입니다. 헥토르는 트로이 신화에 나온 전쟁 영웅이지요. 트로이 군인들에게 무한한 존경의 대상이었으며 적군에게는 공포의 존재였어요. 그러나 그는 불행히도 천하무적인 아킬레우스와의 한판 승부에서 패배한 후 죽음을 맞게 됩니다. 평소 헥토르는 아내 안드로마케를 무척 사랑했어요. 그림은 헥토르가 마지막 전투를 벌이기 직전 트로이 궁전 성곽에서 부인과 만나 이별을 슬퍼하는 순간을 묘사한 것입니다.

미술사에 수많은 이별이 등장하지만 가장 감동적인 것은 이 부부가 작별하는 장면입니다. 헥토르와 안드로마케가 서로에게 충실하면서도 이상적인 부부의 모범을 보였기 때문입니다. 그러나 키리코는 돈독한 부부애의 전형인 두 사람을 기계적인 느낌이 물씬 풍기는 목각 인형으로 전환시켰어요. 조립된 마네킹처럼 보이는 두 사람은 비록 얼굴을 비비며 안타깝게 끌어안은 시늉을 하지만 애틋한 느낌보다 삭막한 기분을 자아냅니다. 트로이 전설의 감동은 멀리 사라지고 삭막한 기계 인간들의 애정 행위가 정서적인 충격을 안겨줍니다. 가장 인간적이고 감동적인 포옹 장면을 기계인간들의 사랑 행위로 바꾸니까 불길하고 기이한 기분이 더해지네요. 기계가 애정을 나눈다는 초현실적인 발상을 한 키리코의 상상력에 정말 탄복을 금할 수가 없어요.

이처럼 기이한 그림으로 인기를 누렸던 키리코는 초현실주의의 물꼬를 튼 선구자격인 예술가예요. 신비하고 수수께끼 같은 그의 그림은 새로운 미술을 열망하는 예술가들을 자극했어요. 초현실주의 화가들이 키리코의 그림에 열

키리코(Giorgio de chirico, 1888~1978) | 〈헥토르와 안드로마케〉 | 1917

 〈비너스의 탄생〉과 〈헥토르와 안드로마케〉의 아름나운 인세에 나다닌 횡금비는?

광한 것은 자신들의 예술관인 초현실, 즉 현실을 초월한 저 먼 의식의 세계를 절묘하게 묘사하고 있기 때문이지요.

인간의 내면 속에 둥지를 튼 무의식의 세계는 상식적으로 이해할 수 없는 신비하고 기이한 생각들로 가득합니다. 키리코가 이처럼 신기한 그림을 그렸던 이유가 있어요. 그는 인간은 자신의 말과 행동을 결코 예측할 수 없는 존재이며 인간의 삶 또한 한 치 앞을 알 수 없다고 믿었기 때문입니다. 키리코 스스로도 자신의 그림을 이해할 수 없다고 입버릇처럼 말하곤 했어요. 그래서 그는 '신비스럽지 않은 것을 어찌 사랑할 수 있을까?' 라는 유명한 말을 남겼답니다.

키리코는 헥토르와 안드로마케를 통해 '미술의 정의는 무엇이며 절대미란 어떤 의미를 지녔는가?' 에 대한 의문을 던지고 있어요. 그가 수학적 비례로 측정한 특이한 인체를 그린 보다 근본적인 이유가 있어요. 원근법의 대가인 우첼로를 무척 존경했기 때문입니다. 우첼로는 15세기 이탈리아 출신의 화가였으며 수학에 능통했어요. 그는 너무나 수학에 푹 빠진 나머지 당시 유행한 모자를 그릴 때도 자와 컴퍼스를 들고 치밀하게 연구하고 계산한 다음 그림을 그렸지요. 성배를 묘사하기 위해 무려 200개의 작은 조각 면으로 분할해 그림을 그렸다는 일화는 지금도 유명합니다.

인체를 수치로 재단한 키리코의 그림을 보면서 이런 초현실적인 상상을 해봅니다. 혹 그는 인체를 재단하고 가봉해 완벽한 아름다움을 창조하려고 했던 예술가들의 오랜 바람을 그림에 표현한 것은 아닐까요? 아니면 신기루 같은 미의 신비함에 사로잡힌 예술가들의 환상을 깨려고 한 것은 아닐까요? 어쩌면 이 두 가지를 합친 것, 화가들의 무의식 속에 자리잡은 이상과 현실에 대한 갈등을 작품에 통해 표현한 것인지도 모릅니다.

왜냐하면 헥토르와 안드로마케 두 인물 모두 동등한 조각들로 기워져 있기 때문이죠. 조각들을 연결한 부분에 주목하면 인체가 등분되어 있음을 더욱 또렷하게 알 수 있어요. 헥토르는 8등신, 안드로마케는 7.5등신일 것으로 추측됩니다.

이번에는 남녀를 최대한 단순화시켜 두 개의 사다리꼴로 표현해 보지요. 넓은 사다리꼴과 좁은 사다리꼴을 이용하여 남녀를 표현하면 그림과 같습니다. 남녀의 모습은 마치 크기가 서로 다른 두 사다리꼴이 반대로 결합된 형태를 띠게 되지요.

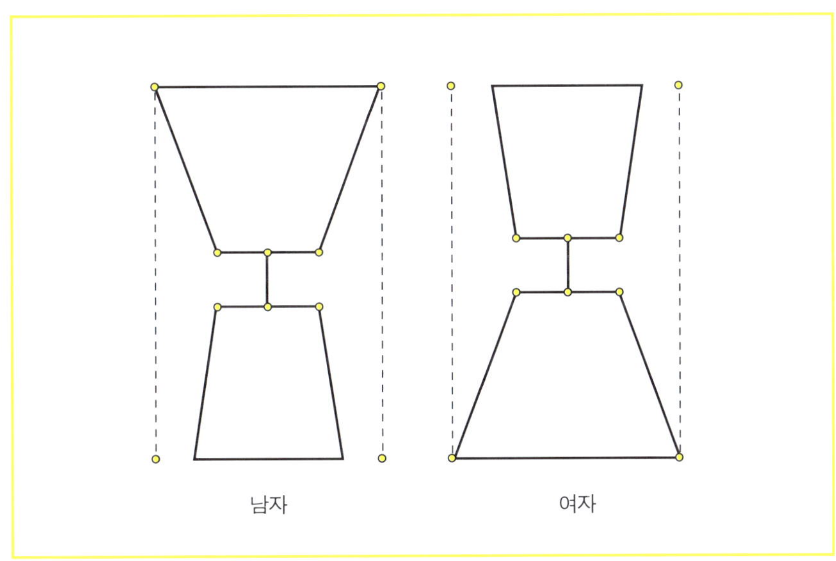

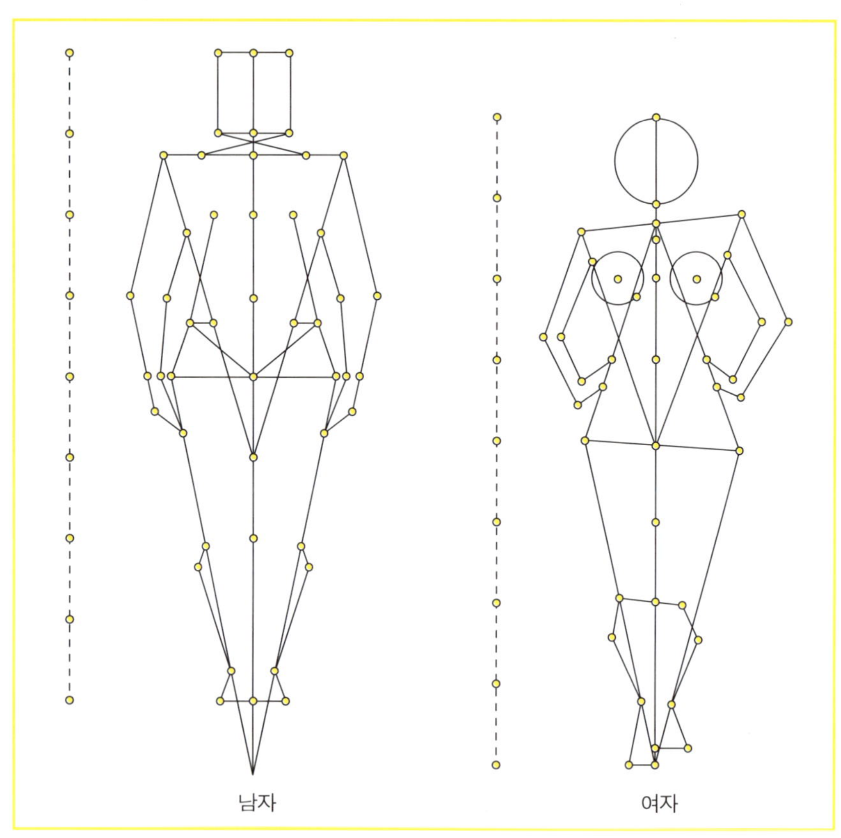

또한 수학적인 도형만으로 남녀를 등분해 그릴 수도 있습니다. 무작정 인체를 그리려면 힘이 들지만 이렇게 비례를 활용해 그리면 좀 더 쉽게 인체를 완성할 수 있답니다. 혹 키리코는 인체를 그리기 힘들어 하는 사람들을 위해 <헥토르와 안드로마케> 같은 그림을 남긴 것은 아닐까요?

3. 보티첼리와 키리코의 그림에 등장하는 인물들의 비례관계를 도형을 통해 살펴봅시다. 그림과 같이 한 점 O에서 만나는 세 개의 직선이 있습니다. 그렇다면 이 세 직선 위에 각각 하나의 꼭짓점을 갖는 삼각형 ABC를 생각할 수 있어요. 또한 삼각형 ABC의 각 꼭짓점에서 점 O까지의 길이를 각각 두 배하여 삼각형 A′B′C′를 얻을 수 있습니다. 이때 삼각형 A′B′C′의 넓이는 처음 삼각형 ABC의 넓이의 몇 배가 될까요?

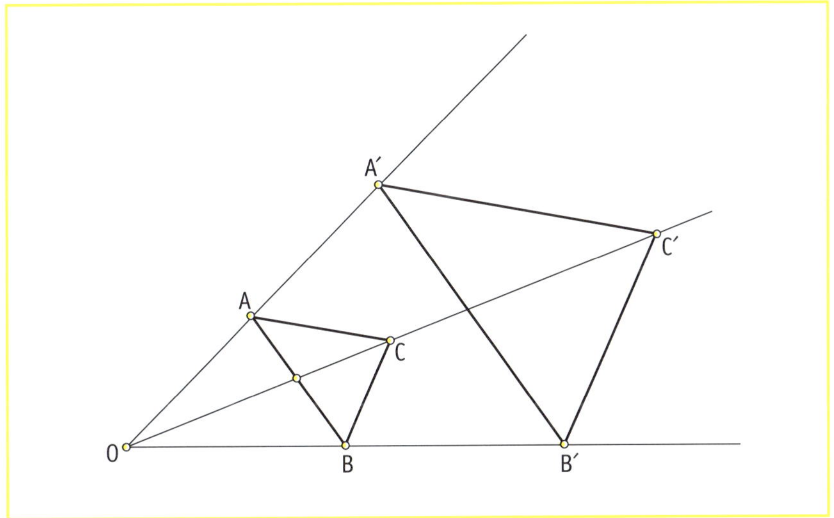

☞ 해답 P. 233

네 사람이 벌이는 게임은 당시 유행한 '랑스크네' 라는 카드 게임이며 앞서 소개한 세 남녀는 전문 도박꾼들이에요. 세 사람은 부자 청년을 속이기 위해 손짓과 눈짓으로 사인을 주고받으며 사기를 치고 있습니다. 그러나 순진한 청년은 속임수가 펼쳐지는 줄도 모르고 카드를 낼 궁리를 합니다. 그림은 청년의 인생을 망치는 것은 술과 도박, 그리고 방탕한 여자임을 알리고 있어요.

〈다이아몬드 에이스를 가진 사기꾼〉에서 사기꾼이 이길 확률은?

라 투르(Georges La Tour, 1593~1652) | 〈다이아몬드 에이스를 가진 사기꾼〉 | 1635

네 명의 인물이 화면에 등장하고 있어요. 세 남녀는 카드 게임을 하는 중이며 하녀가 술시중을 들고 있어요. 그런데 분위기가 묘합니다. 화면 오른편 청년을 제외한 각 인물들의 표정은 눈치를 살피는 기색이 역력하고 팽팽한 긴장감마저 감돕니다.

한 편의 미스터리 영화를 보는 것 같은 느낌을 주는 이 그림. 대체 화면 속에서 무슨 일이 벌어지고 있는 것일까요? 미스터리를 차례로 풀어 보겠어요.

먼저 탁자를 살펴보세요. 세 면에 각각 세 사람이 앉아 있습니다. 그런데 식탁의 나머지 한 면인 앞자리가 비어 있어요. 짙은 그림자만이 빈자리를 메우고 있습니다. 화가는 왜 앞자리를 비워둔 것일까요? 이 자리는 관객을 위한 자리예요. 화가는 그림을 보는 관객을 카드 게임으로 유인하기 위해 의도적으로 한 자리를 비운 것입니다.

다음 네 인물의 눈길을 따라가 보세요. 시선은 각기 다른 방향을 향하고 있어요. 화가가 네 사람의 눈길을 마주치지 않게 한 것은 각자의 마음이 겉돌고 있음을 알리기 위해서이지요. 화면 중앙의 여자는 우윳빛 피부에 호화로운 치장을 했어요. 여인은 멋진 드레스에 진주 귀걸이와 목걸이, 팔찌를 찼습니다.

이런 사치스런 장신구는 여인이 품행이 나쁜 여인임을 암시합니다. 여인은 은밀한 눈길을 돌려 누군가에게 사인을 보내고 있어요. 그녀의 눈길은 손가락 방향과 같아요. 그녀는 어떤 음모를 꾸미는 것일까요? 한편 술잔을 든 하녀의 표정도 수상쩍기는 마찬가지예요. 하녀는 포도 잔을 건네는 시늉을 하면서 눈길로 신호를 보냅니다. 건성으로 시중을 들면서 눈길은 무언가를 탐색하고 있습니다. 화면 왼편에 등을 보인 남자는 더욱 음흉한 표정을 짓고 있어요. 그는 잔뜩 긴장된 눈길로 얼굴을 돌려 어둠 속을 노려보면서 왼손은 몰래 등뒤로 돌려 허리춤에서 에이스 카드를 꺼내고 오른손은 태연하게 카드를 내보입니다.

네 사람이 벌이는 게임은 당시 유행한 '랑스크네'라는 카드 게임이며 앞서 소개한 세 남녀는 전문 도박꾼들이에요. 세 사람은 부자 청년을 속이기 위해 손짓과 눈짓으로 사인을 주고받으며 사기를 치고 있습니다. 그러나 순진한 청년은 속임수가 펼쳐지는 줄도 모르고 카드를 낼 궁리를 합니다. 그림은 청년의 인생을 망치는 것은 술과 도박, 그리고 방탕한 여자임을 알리고 있어요. 17세기에는 이처럼 도박을 주제로 한 그림이 많아요. 화가들이 주사위 놀이나 카드 게임에 관심을 가진 것은 도박과 술에 빠져 지내면 패가망신한다는 도덕적 교훈을 주기 위해서였습니다. 라 투르 역시 이 그림을 통해 사기꾼들의 놀림감이 되는 저 청년처럼 어리석은 삶을 살지 말라는 경고를 하고 있습니다.

카드 게임이 주제인 이 그림은 수학적으로도 관심을 가질 부분이 많을 것 같은데요, 카드 게임에 관한 수학적 이야기를 듣고 싶습니다.

원래 트럼프 카드에 등장하는 네 종류의 카드 무늬는 각각 다이아몬드(♦), 하트(♥), 스페이드(♠), 클로버(♣)입니다. 카드 한 벌의 수는 각 무늬마다 13 장(A, 2, 3, 4, 5, 6, 7, 8, 9, 10, J, Q, K)으로 모두 52장이 되지요. 각 카드에 동일한 가능성을 준다면 카드 52장 중 한 장을 선택할 확률은 52분의 1인 셈이지요. 그러나 게임의 규칙이나 참여자의 심리에 따라 확률은 그때 그때 달라집니다. 그럼 세 종류의 카드를 가지고 확률에 대해 살펴보기로 할까요?

여기 세 종류의 카드가 있습니다. 높은 숫자가 나오면 이기는 게임으로 생각하고 묶음 1과 묶음 2에 있는 카드를 비교해 보세요. 묶음 1에서 선택한 카드의 숫자를 x, 묶음 2에서 선택한 카드의 숫자를 y라 할 때 선택한 카드의 수들과 관련한 순서쌍을 (x, y)로 나타내기로 합니다. 묶음 1과 묶음 2에서 각각 한 장의 카드를 선택했을 때, 묶음 1과 묶음 2에서 선택한 숫자로 만들 수 있는 숫자들의 쌍은 (2, A), (2, 6), (2, 8), (4, A), (4, 6), (4, 8), (9, A), (9, 6), (9, 8)로 모두 아홉 가지입니다. 또한 묶음 1에서 선택한 카드의 숫자가 묶음 2에서 선택한 카드의 숫자보다 큰 경우는 (2, A), (4, A), (9, A), (9, 6), (9, 8)로 모두 다섯 가지입니다. 따라서 묶음 1의 카드를 선택하는 것이 묶음 2의 카드를 선택하는 것보다 유리하다고 판단할 수 있습니다.

이제 묶음 2와 묶음 3의 카드를 비교해 봅시다. 묶음 2와 묶음 3에서 각각 한 장의 카드를 선택했을 때, 묶음 2와 묶음 3에서 선택한 숫자로 만들 수 있는 숫자들의 쌍은 (A, 3), (A, 5), (A, 7), (6, 3), (6, 5), (6, 7), (8, 3), (8, 5), (8, 7)로 모두 아홉 가지이고 묶음 2에서 선택한 카드의 숫자가 묶음 3에서 선택한 카드의 숫자보다 큰 경우는 (6, 3), (6, 5), (8, 3), (8, 5), (8, 7)로 모두 다섯 가지입니다. 따라서 묶음 2의 카드를 선택하는 것이 묶음 3의 카드를 선택하는 것보다 유리합니다.

결론적으로 묶음 1을 선택하는 것이 묶음 2를 선택하는 것보다 더 낫고, 묶

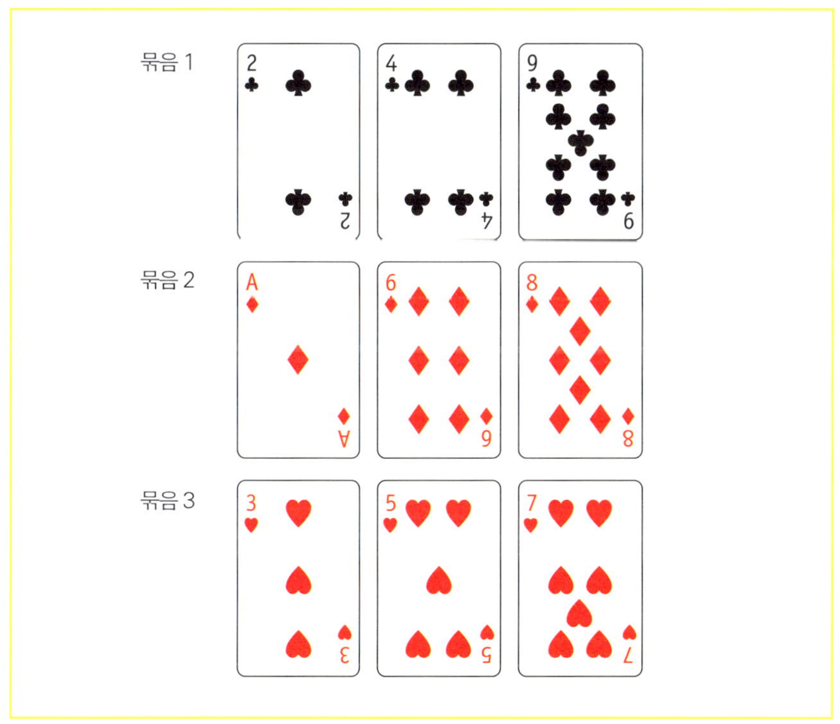

음 2를 선택하는 것이 묶음 3을 선택하는 것보다 더 유리합니다. 여기서 논리적인 추론을 해보면 묶음 1을 선택하는 것이 묶음 3을 선택하는 것보다 더 유리할 것이라고 쉽게 판단할 수 있겠지요. 하지만 과연 그럴까요?

실제로 묶음 1과 묶음 3을 비교해 봅시다. 묶음 1과 묶음 3에서 각각 한 장의 카드를 선택했을 때 묶음 1과 묶음 3에서 선택한 숫자로 만들 수 있는 숫자들의 쌍은 (2, 3), (2, 5), (2, 7), (4, 3), (4, 5), (4, 7), (9, 3), (9, 5), (9, 7)로 모두 아홉 가지입니다. 그리고 묶음 1에서 선택한 카드의 숫자가 묶음 3에서 선택한 카드의 숫자보다 큰 경우는 (4, 3), (9, 3), (9, 5), (9, 7)로 모두 네 가지입니다. 따라서 묶음 1의 카드를 선택하는 것이 묶음 3의 카드를 선택하는 것보다 불리합니다. 결국 묶음 3을 선택하는 것이 묶음 1을 선택하는 것보다 더 유리한 셈입니다.

현대미술의 아버지로 불리는 세잔느의 <카드 놀이하는 사람들, 1892~1896>입니다. 세잔느가 활동하던 시절에는 17세기와는 달리 카드 놀이에 관한 그림을 찾아보기 힘듭니다. 화가들은 도덕적 교훈이나 충고를 주는 그림에 더 이상 흥미를 느끼지 않았어요. 그림의 내용보다 형식에 관심을 두었으며 새로운 기법을 실험하는데 몰두했거든요. 그러나 세잔느는 선배들의 카드 게임을 주제로 한 그림들을 보고 큰 감명을 받았어요. 영감을 얻은 그는 1890~1896년 사이에 이 주제로 무려 다섯 점의 그림을 그렸습니다. 그러나 그는 자신만의 독특한 화법을 사용해 그림에 커다란 변화를 주었어요. 내용은 과거의 그림에서 빌려 왔지만 형식은 완전히 새로운 기법을 적용했습니다. 그렇게 해서 각기 다른 느낌을 주는 다섯 점의 '카드 놀이하는 사람들'이 탄생한 것입니다.

그럼 그림을 살펴볼까요? 두 카드 놀이꾼들이 흡사 최면에라도 걸린 듯 게임에 몰두하고 있어요. 두 사람의 모습에서 결전을 앞둔 전사들의 치열함이 느껴집니다. 오른쪽 남자는 심각한 표정을 짓고 있으며 왼쪽 남자는 파이프를 문 채 열심히 카드 패를 들여다봅니다. 세잔느는 침묵 속에서 게임을 벌이는 두 남자의 긴장된 순간을 강조하기 위해 치밀하게 구도를 계산했어요. 술병이 구도의 중심축을 이루도록 배치했으며, 왼쪽 남자는 빛을 등진 반면 오른쪽 남자는 환한 빛을 받게 했어요 그 때문에 팽팽하게 맞서는 두 사람의 승부욕을 더욱 실감나게 느끼게 되었어요. 한편 색채는 단색에 가까운 색조를 선택해 화면

세잔느(Paul Cézanne, 1839~1906) | 〈카드 놀이하는 사람들〉 | 1892~1896

   〈다이아몬드 에이스를 가진 사기꾼〉에서 사기꾼이 이긴 확률은?

에 조화와 통일성을 주었습니다.

　카드 놀이하는 사람들의 모델은 세잔느 고향의 영지에서 일하는 노동자들입니다. 그는 일꾼들을 스케치했으며 훗날 이를 바탕으로 작품을 완성했어요. 세잔느가 카드 놀이라는 특정한 주제를 반복한 배경을 궁금해 하는 사람들이 많아요. 세잔느는 고집불통이며 괴짜요, 제도와 관습에 도전한 고독한 예술가의 전형입니다. 따라서 세잔느가 카드 게임에 집착한 것은 전통과 대결할 수밖에 없는 자신의 처지를 비유한 것이라는 의견이 많습니다.

　세잔느는 입체파와 추상화의 길을 연 선구자요, 현대미술의 혁명가입니다. 그의 이론은 동료와 후배 예술가들에게 절대적인 영향을 끼쳤어요. 그는 자연을 원통과 공, 원추로 환원한다는 미술사에 획을 긋는 유명한 얘기를 남겼는데요, 세잔느가 1904년 4월 15일 베르나르에게 쓴 편지를 인용해 보겠어요.
　'나는 자연에게서 원통, 구, 원추를 봅니다. 사물을 적절히 배열하면 물체나 각 면은 하나의 중심점을 지향하게 됩니다. 지평선에 평행한 여러 선은 넓이를 줍니다. ……반면 지평선에 수직으로 걸친 선은 깊이를 줍니다. 그런데 우리에게 자연은 넓이보다 깊이로 다가섭니다. 그러므로 빨강과 노랑으로 재현되는 빛의 진동 속에서 공기를 느끼게 하려면 충분할 만큼 파랑을 칠해야 합니다.'

　세잔느는 화가들에게 이전에 알았던 모든 것을 잊고 새로운 눈으로 세상을 바라볼 것을 요구했어요. 전통적인 회화의 관습이나 법칙을 버리면 새로운 미술의 길이 열린다고 확신했습니다. 이를 증명하듯 그는 카드 게임처럼 화면을 신중하게 구성했어요. 색채들을 각각의 색조와 명도에 따라 주의 깊게 조율해 배치하면 전체적인 조화를 이룰 수 있다고 믿었어요. 이처럼 자연을 기하학적 눈으로 본 세잔느의 혁명적인 회화관은 예술가들의 등불이 되었으며 곧 현대미술을 태동시키는 결정적인 계기가 됩니다.

섣부른 판단일지 모르지만 그림에 등장하는 인물 중 오른쪽에 있는 인물이 게임에 이길 것만 같군요. 그 이유를 묻는다면 왼쪽 인물은 표정이 어둠에 싸여 어두워 보이고 초조한 듯 담배를 태우고 있지만 오른쪽 인물은 빛을 받아 표정이 밝아 보이고 게임을 즐기고 있는 듯한 느낌을 받기 때문이지요. 그러면 내친김에 확률과 관련된 재미있는 문제를 풀어 볼까요?

두 사람이 게임에 이길 확률은 각각 2분의 1이고 비기는 경우는 없다고 가정합니다. 각자 1,600프랑씩 판돈을 걸고 게임을 해서 먼저 3승을 한 사람이 모든 판돈을 가져간다는 조건으로 게임을 벌입니다. 만약 오른쪽 남자가 2승, 왼쪽 남자가 1승을 한 상태에서 어쩔 수 없이 게임을 중지하였을 경우 판돈을 어떻게 분배하는 것이 가장 합리적일까요? 오른쪽 남자가 세 번 중에 두 번 이겼으므로 판돈의 3분의 2를 주고, 왼쪽 남자에게 판돈의 3분의 1을 주는 것이 합리적일까요? 수학자라면 어떻게 판단을 내릴까요?

여기서 각 사람이 이길 가능성을 곰곰이 생각해 봅시다. 오른쪽 남자는 이미 2승을 했으므로 네 번째 게임에서 이기거나 네 번째 게임에서 지더라도 다섯 번째 게임에서 이기면 승자가 됩니다. 오른쪽 남자가 네 번째 게임에서 이길 확률이 2분의 1이며, 네 번째 게임에서 지고 다섯 번째 게임에서 이길 확률은 4분의 1이 됩니다. 따라서 오른쪽 남자가 이길 확률은 $\frac{1}{2} + \frac{1}{4} = \frac{3}{4}$이 되겠지요. 결론적으로 오른쪽 남자와 왼쪽 남자에게 각각 분배해 줄 판돈은 다음과 같습니다.

오른쪽 남자 $\dfrac{3}{4} \times 3{,}200 = 2{,}400$(프랑)

왼쪽 남자 $\dfrac{1}{4} \times 3{,}200 = 800$(프랑)

확률이란 가능성의 정도를 숫자로 표현한 것입니다. 따라서 각각의 경우를 잘 따지는 것이 무엇보다도 가장 중요하답니다.

4. 공중으로 동전을 던질 경우의 확률에 대해 생각해 볼까요? 동전이 바닥에 떨어질 때 세워지는 경우는 없고 앞면과 뒷면이 나올 가능성은 동일하다고 가정합니다. 그렇다면 동전 한 개를 세 번 던졌을 때, 앞면이 나오지 않거나, 한 번, 두 번, 세 번 나올 확률은 각각 얼마일까요?

☞ 해답 P. 233-234

리나르의 그림에 등장하는 다양한 모양의 조개, 소라를 잘 살펴보면 소용돌이 같은 곡선들이 보입니다. 자연에 적응하기 위해 자연스럽게 형성됐다는 점에서 '생명의 나선'이라는 이름을 붙여도 좋을 것 같군요. 이 같은 소용돌이(나선)는 원뿔면을 따라 원뿔의 꼭지를 향해 감아 들어가거나 중심에서 감아 나올 경우에도 자연스럽게 생겨나지요.

〈조개 껍질화〉와 〈바벨탑〉의 아름다운 나선을 수학으로 그릴 수 있을까요?

 리나르(Jacques Linard, ?1600~1645) | 〈조개 껍질화〉

지금껏 인생의 교훈을 주는 명화를 통해 확률을 공부하는 색다른 체험을 했어요. 선생님께서 신기한 수학이야기를 들려주시니까 저도 은근히 경쟁심이 생겨났어요. 그래서 독자들이 미술이야기를 들으면서 이색적인 체험을 할 수 있는 명화를 준비했습니다.

이번에 소개할 그림은 17세기 정물화가인 리나르의 〈조개 껍질화〉입니다.

그림은 가장 오래된 조개껍질 정물화 중 하나로 알려져 있어요. 이 정물화를 통해 17세기에 접어들면서 왜 조개껍질이라는 독특한 주제가 그림에 등장했는지 살펴보겠어요.

갖가지 모양의 아름다운 조개껍질이 테이블 위에 올려져 있어요. 화면 가운데 놓인 상자는 조개껍질을 보관한 상자입니다. 상자 앞 중앙에 놓인 조개는 '아르고나타 아르고' 라는 이름을 지닌 희귀한 조개입니다. 이 조개는 껍질 가장 자리에 작은 구멍들이 뚫려 있어 마치 배처럼 파도를 타고 자유롭게 떠다닐 수 있어요. '아르고' 라는 이름은 그리스 신화에서 유래했어요. 신화를 보면 황금양털에 관한 흥미로운 전설이 나와요. 황금양털은 날개 달린 황금 숫양의 노란색 털이며 그리스인들이 가장 탐낸 보물이었어요. 아르고는 황금양털을 찾아 원정을 떠난 용사들이 탔던 배 이름입니다. 이런 어원에서 알 수 있듯 아르고 조개는 먼 이국에 대한 모험심과 호기심을 상징합니다. 사람들은 거친 풍랑을 헤치며 항해하는 이 조개를 각별히 사랑한 나머지 아르고라는 애칭을 선물한 것이지요. 한편 그림에 나타난 아르고를 제외한 다른 조개껍데기는 모두 수입산입니다.

이것을 통해 당시 네덜란드인들이 먼 바다로 나가 활발한 교역을 했다는 사실을 알 수 있어요. 실제로 열대바다에서 가져온 희귀한 조개껍질은 보석만큼이나 그 가치를 인정받았어요. 수집가들은 엄청난 돈을 지불하면서 경쟁적으로 수입산 조개껍질을 수집했습니다. 조개껍질 수집은 16세기경부터 유행했으며 특히 네덜란드에서 선풍적인 인기를 끌었어요. 그렇다면 왜 17세기 수집가들은 앞다투어 조개껍질을 사 모았을까요? 우선 보석처럼 빈짝이는 광택과 희귀한 무늬, 특이한 형태와 이국적인 정취를 들 수 있겠어요. 다음은 조개껍질 나선의 수학적 아름다움을 높이 산 것입니다. 사람들은 조개껍데기의 경이로운 아름다움을 창조주의 무한한 능력으로 받아들였어요. 자연이 지닌 신비한 아름다움은 신으로부터 주어진 것이며, 인간은 이를 찬미해야 한다고 믿었습니다. 이 같은 창조주의 권위를 상징한 조개껍질의 아름다움은 당시 애송된 시에서도 확인할 수 있어요.

'천상의 위대한 빛을 받아 가장 아름다운 광택을 지녔으며, 그 빛으로 인간의 정신을 고양하도록 일깨우는 조개껍질처럼, 신의 은총을 받아들여 마음이 윤택해진 인간은 가까운 사람들을 교화해야 한다'

이런 사실을 통해 알 수 있듯 17세기에 조개껍질화가 유행한 배경은 외면과 내면의 아름다움을 두루 갖춘 조개껍질을 통해 신앙심을 굳히는 동시에 이국적이고 값진 물건을 수집하고 싶은 인간의 욕망이 증대했음을 보여주고 있어요.

조개껍질 수집 열풍은 사물에 대한 호기심을 자극하고 세계에 대한 탐구심과 상상력을 일깨웠어요. 18세기에 이르면 광물 및 화석 수집으로 이어지면서 지질학의 성립에 커다란 기여를 합니다. 비단 미술에서 뿐 아니라 수학에서도 조개껍질의 나선형은 흥미로운 점이 많다고 보는데요, 나선형과 관련된 선생님의 재미있는 설명을 듣고 싶습니다.

자연에 적응하기 위해 자연스럽게 형성됐다는 점에서 '생명의 나선'이라는 이름을 붙여도 좋을 것 같군요. 이 같은 소용돌이(나선)는 원뿔면을 따라 원뿔의 꼭지를 향해 감아 들어가거나 중심에서 감아 나올 경우에도 자연스럽게 생겨나지요.

수학에서는 나선에 대한 접근 방법이 매우 다양한데요, 먼저 평면 위의 나선과 공간에서의 나선을 생각할 수 있습니다.

먼저 분도기와 자를 이용하여 한 변의 길이가 각각 1, 1, 2, 3, 5, 8, 13인 정사각형들을 그림처럼 이어 붙여 보세요. 이 정사각형 안에 중심을 옮겨 가며 사분원(원의 4분의 1)의 원호를 여러 개 이어서 그리면 자연스럽게 나선이 얻어지지요. 이 나선은 암모나이트 조개 나선을 닮아서 '암모나이트 나선'이라

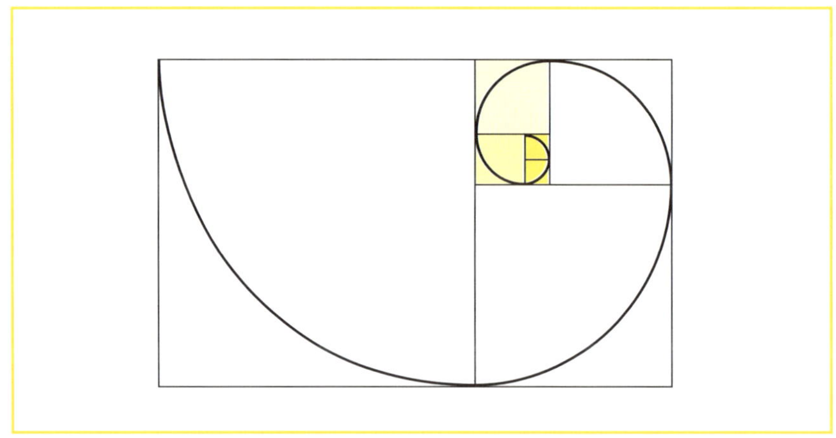

고 불리기도 합니다. 또 수열 1, 1, 2, 3, 5, 8, 13이 피보나치수열이란 점에서 '피보나치 나선'이라고 불리기도 합니다. 이 나선은 정사각형이 만들어내는 나선이므로 수학적으로는 정사각형 나선인 셈이죠.

자, 이번엔 정오각형에서 발견되는 닮은꼴 이등변삼각형들을 이용하여 아름다운 나선을 그려 볼까요? 먼저 분도기와 자를 이용하여 세 각이 36, 72, 72도인 큰 이등변삼각형을 그리세요. 이 이등변삼각형 안에 세 각이 36, 72, 72도인 작은 이등변삼각형을 그릴 수 있을 때까지 여러 개 그려 보세요. 컴퍼스를 이용하여 중심을 바꿔가며 원호를 서로 이어서 그리면 아름다운 나선이 되지요. 이 나선은 이등변삼각형이 만들어 내는 나선이므로 수학적으로는 이등변삼각형 나선인 셈이죠.

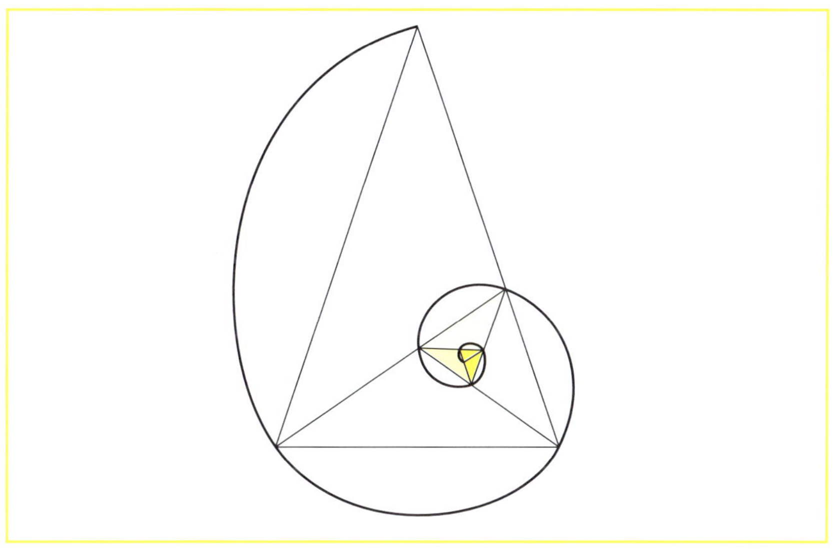

관장님, 자연이 인간에게 선사한 나선형 구조는 건축에도 큰 영향을 미쳤지요. 나선의 건축 구조를 수학적으로 설명하려면 그림의 도움을 받아야 할 것 같습니다. 혹 나선형 구조로 이루어진 건축물이 나타난 명화가 있으면 소개해 주시지요.

　〈조개 껍질화〉와 〈바벨탑〉의 아름다운 나선을 수학으로 그릴 수 있을까요?

이 그림은 거대한 건축물이 굉음을 내며 무너지는 긴박한 순간을 묘사하고 있습니다. 건물은 집중 포탄 공격을 받은 듯 기우뚱거리며 붕괴되고 있어요. 건축물은 태산처럼 땅에서 불쑥 솟아 오른 형상입니다. 이 건물은 얼마나 높은지 맨 위층은 구름을 뚫고 있어요.

이 건축물은 성서에 나온 바벨탑입니다. 흔히 교만의 대가로 벌을 받은 인간의 어리석음을 비유할 때 바벨탑 이야기를 인용하곤 하지요. 성서에 의하면 교만해진 노아의 자손들은 하늘에 닿을 수 있는 탑을 건설하기 위해 한 자리에 모인 후 이렇게 말합니다.

'하루 빨리 도시를 세우고 그 가운데 꼭대기가 하늘에 닿도록 탑을 쌓아 우리의 이름을 사방에 떨쳐 흩어지지 않도록 하자.'

창조주의 권위에 도전한 인간들의 불손한 시도는 신의 분노를 사게 됩니다. 불 같이 화가 난 신은 인간의 말을 뒤섞어 버렸어요. 그 결과 의사소통이 되지 않아 공사는 중단되고 탑은 무너지고 맙니다. 바벨탑이 파괴된 이후 사람들은 자만심을 부린 것에 대한 뼈 아픈 대가를 치르게 됩니다. 세계 각지로 흩어져 살게 되었으며 서로 이해할 수 없는 언어를 사용하게 된 것이지요.

브뢰겔은 당대 최고의 화가답게 성서에 나온 바벨탑 이야기를 상상력을 발휘해 그렸어요. 그는 창세기 11장 1절~9절에 나온 이야기를 그림에 옮기면서 성서의 내용을 보다 생생하게 묘사하기 위해 선배들의 그림과 책을 참고하기도

브뢰겔(Pieter Bruegel d. Ae., 1528?~1569) │〈바벨탑〉│ 1563

　〈조개 껍질화〉와 〈바벨탑〉의 아름다운 나선을 수학으로 그릴 수 있을까요?

했어요. 때마침 기원 후 2세기경에 살았던 '요세푸스'의 저서 <유대고대사>에 바벨탑에 관한 이야기가 상세히 기술되어 있었어요. 브뢰겔은 이 책을 토대로 가상의 바벨탑을 그렸습니다. 이처럼 사전 준비를 철저히 하지 않았다면 할리 우드 영화에서나 볼 수 있을 것 같은 박진감 넘치는 명장면은 탄생하지 않았겠 지요.

당시 화가들이 바벨탑을 주제로 한 그림을 제작한 까닭이 있어요. 바벨탑은 신의 권위에 맞선 인간의 자만을 나타내는 전통적인 도상입니다. 화가들은 신 앙심을 북돋우고 신의 영광에 비해 인간이 사는 세계가 얼마나 하찮은가를 알 리기 위해 바벨탑 그림을 그린 것입니다. 이 그림은 브뢰겔이 미술적 재능뿐 아니라 토목기술과 건축에 관한 전문가적 지식까지 가진 대가임을 증명하고 있어요. 그는 건축가의 눈과 손이 되어 탑의 내부까지 정밀하게 탐사한 후 그 림에 접목시켰습니다. 건축 형태는 로마의 콜로세움을 연상시키는데요, 브뢰 겔은 한 때 이탈리아 여행에서 콜로세움을 보고 크게 감명을 받은 적이 있어 요. 그때의 감동을 그림에 도입한 것입니다.

참, 이 글을 읽는 독자 중에는 브뢰겔을 생소한 화가로 여기는 사람이 많을 거예요. 그러나 미술에서 브뢰겔은 세계적인 대가로 단연 손꼽혀요. 그의 풍경 화와 농민화는 인기가 매우 높아 레코드 자켓과 답배갑 장식에도 사용되고 있 을 정도입니다.

자, 그러면 나선형 구조를 한 눈에 살펴볼 수 있는 이 그림을 수학적인 관점 에서 이야기해 주시겠어요?

브뢰겔의 바벨탑 그림 바닥 좌우에서 탑의 윗부분으로 두 직선을 그으면 한 점에서 만나게 되지요. 어떻습니까, 자연스럽게 원뿔 모양을 연상할 수 있지요? 원뿔의 밑에서 원뿔의 꼭지를 향해 감아 올라가는 길을 생각하면 언젠가는 길이 끝날 것 같은 생각을 저절로 하게 됩니다. 왜냐하면 위로 올라갈수록 원뿔의 수평 단면이 점점 작아지기 때문이지요.

자, 이제 실험을 통해 원뿔 면 위에 나선을 만들어 봅시다. 종이나 OHP필름 위에 각 B가 90도가 되도록 직각삼각형 ABC를 그려보세요. 선분 AB가 원

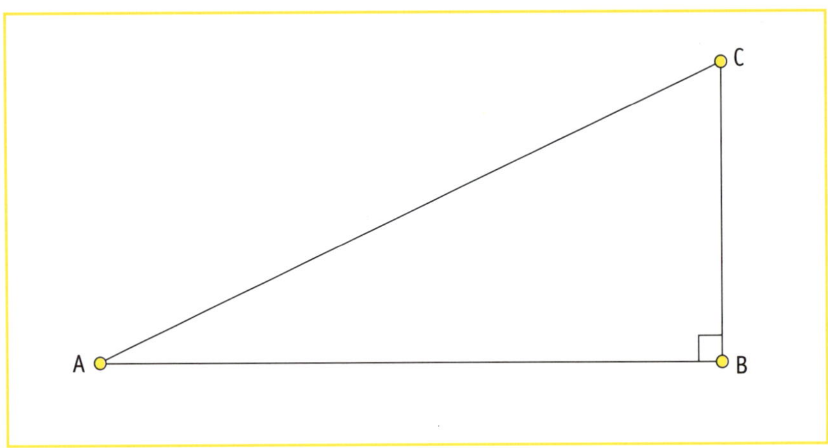

모양이 되도록 말면 빗변 AC는 원뿔 면 위의 나선 모양이 됩니다. 수학에서는 가장 짧은 길이의 나선에 특별히 관심을 갖지요. 그 이유는 가장 짧은 나선은 오로지 한 개만 존재하기 때문이랍니다.

5. 리나르의 〈조개껍질화〉나 브뢰겔의 〈바벨탑〉에는 나선이 등장합니다. 이번에는 원뿔 모양의 물체를 휘돌아 감는 나선에 대해 생각해 봅시다. 반지름의 길이가 각각 1, 2이고 높이가 같은 두 원뿔 위에 밑면과 이루는 각이 같은 나선이 그려진다면 어느 원뿔 위에 그려진 나선이 더 길까요?

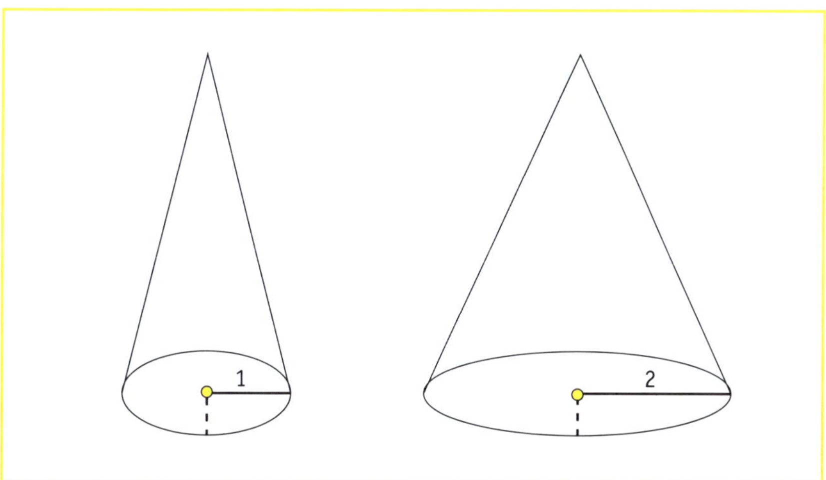

☞ 해답 P. 234

베르메르는 자신의 타고난 수학적 재능을 〈금을 다는 여인〉에서도 여실히 증명하고 있어요. 저울을 정확히 캔버스 중심점과 투시원근법 상의 소실점이 겹치는 부분에 배치했어요. 진리를 상징하고 물건을 측량하는 도구인 저울의 특성을 선명하게 드러내기 위해서입니다.

〈금을 다는 여인〉의 무게중심은 어디에 있을까요?

베르메르(Jan Vermeer van Delft, 1632~1675) | 〈금을 다는 여인〉 | 1662~1665

명화 속에 숨겨진 나선형 구조에 대한 수학이야기를 들으면서 '미술과 수학이 결합하니까 이처럼 많은 이야기가 샘솟는구나.' 하고 새삼 놀랐어요. 갑자기 선생님과 제가 이야기꾼이 되어 미술과 수학을 전파하는 홍보대사로 나서면 어떨까 하는 즐거운 상상을 했습니다.

한없이 감미롭고 신비한 분위기가 감도는 그의 그림은 보기만 해도 저절로 감동이 솟아납니다. 얼마 전 베르메르의 일생을 다룬 <진주 귀걸이 소녀>라는 책이 출간되기도 하고 동명의 영화까지 개봉되어 인기가 더욱 높아졌답니다.

지금 감상할 그림도 베르메르 특유의 매혹과 신비를 유감없이 보여주고 있어요. 은은한 빛이 스며드는 실내에서 흰색 모피를 덧댄 푸른색 상의를 입은 여인이 저울을 손에 든 채 탁자 앞에 서 있어요. 여인은 두 눈을 지그시 내리깐 채 저울을 바라봅니다. 여인이 저울에 달고 있는 것은 과연 무엇일까요? 탁자 위에 진주와 주화가 담긴 두 개의 보석함이 열려 있어요. 혹 진주나 금화가 아닐까요? 그러나 그림을 자세히 들여다보세요. 놀랍게도 저울의 접시 위에 아무 것도 없다는 것을 발견할 수 있어요. 이런 사실은 베르메르를 무척 흠모했던 한 학자가 그림의 저울 부분을 전자현미경으로 확대해 본 후 밝혀낸 것입니다. 여인은 단지 저울의 균형을 맞추고 있는 것이지요. 따라서 그녀가 과연 무엇을 재고 있는지 아직도 수수께끼로 남아 있습니다.

여인의 배가 부른 것은 임신한 상태이며, 진주를 저울에 달고 있다는 해석이 있어요. 당시 태아의 성별을 알아보기 위해 진주를 다는 풍속이 있었기 때문이지요. 한편 자신의 물질적인 부를 잰다는 주장도 있어요. 진주 목걸이는 덧없이 사라지는 아름다움을 나타내는 사치품이며, 저울이 텅 빈 것은 현세의 재물은 헛되다는 교훈을 담고 있다는 것이지요. 이런 몇 가지 추측을 거쳐 현재는 여인이 자신의 행실을 저울에 재고 있다는 해석이 가장 설득력 있게 받아들여지고 있어요. 이런 결론에 이른 것에는 타당한 이유가 있어요. 저울은 신중함과 진리를 나타내는 전통적인 상징물이기 때문입니다.

17세기 네덜란드 그림에는 저울질하는 여인이 자주 등장합니다. 이런 그림들은 한결같이 진리의 상징과 밀접한 관련이 있어요. 이 그림에서도 배경에 최후의 심판을 묘사한 그림이 걸려 있습니다. 현세에서 물질을 탐하면 최후의 심판을 받고 지옥에 떨어진다는 경고를 하는 것이지요. 이렇게 베르메르는 저울을 등장시켜 저울이 지닌 속성을 얘기하고 있는데요, 그가 저울을 든 여인을 주제로 삼은 가장 큰 이유는 평소 수학에 대한 관심이 많았기 때문입니다. 베르메르 역시 이 책에 소개된 다른 화가들처럼 기하학에 매료되었으며 수학적 재능도 뛰어났어요. 원근법에 능해 정교한 바닥 타일을 즐겨 그림의 소재로 삼았습니다.

그는 수학자도 깜짝 놀랄 만큼 복잡하고 치밀하게 화면을 구성했어요. 그래서 몬드리안 같은 기하학에 능통한 현대화가들이 베르메르를 우상처럼 떠받들었습니다. 베르메르는 자신의 타고난 수학적 재능을 <금을 다는 여인>에서도 여실히 증명하고 있어요. 저울을 정확히 캔버스 중심점과 투시원근법 상의 소실점이 겹치는 부분에 배치했어요. 진리를 상징하고 물건을 측량하는 도구

인 저울의 특성을 선명하게 드러내기 위해서입니다. 그럼 명화 속 저울에 관련
하여 선생님의 수학적 설명을 듣고 싶군요.

왜냐하면 저울의 위치가 이 그림 전체의 중심에 있기 때문이지요. 이 그림
을 직사각형으로 보면 저울은 직사각형의 대각선 교점에 위치합니다. 하지만
이 그림에 등장하는 저울은 그 이상의 의미를 갖습니다. 여인이 들고 있는 저
울의 양쪽 접시가 균형을 이루고 있다는 점에서 수학의 중요한 개념 중 하나인
평균개념과 유사하기 때문입니다. 평균개념과 관련된 것들로는 무게의 평균,
숫자들의 평균, 위치의 평균 등을 들 수 있겠어요.

그렇다면 평면에 직사각형을 그려 그 무게중심을 생각해 보도록 할까요? 먼저 평면 위에 네 점 A, B, C, D를 꼭지점으로 하는 직사각형 ABCD를 그려 보세요. 직사각형의 세 변 AB, BC, CD, DA의 중점을 잡아 열십(十)자 모양으로 연결하면 교점이 생기지요. 이 교점은 직사각형의 두 대각선의 교점과 같습니다. 바로 이 점이 직사각형 ABCD의 무게중심 G입니다. 직사각형 ABCD의 네 꼭지점 A, B, C, D를 좌표로 나타내면 그 의미가 더욱 살아나게 되겠지요.

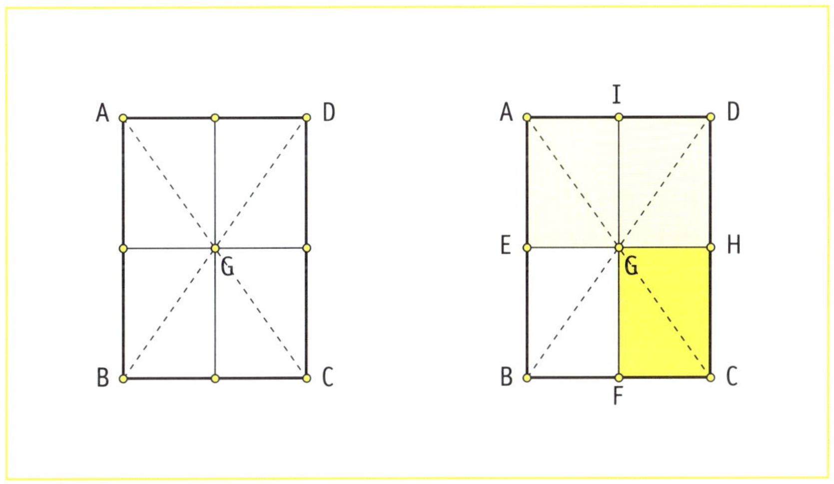

먼저 직사각형 ABCD의 네 꼭지점 A, B, C, D를 A(a, x), B(b, y), C(c, z), D(d, u)로 나타내면 직사각형 ABCD의 무게중심 G는 두 점 E($\frac{a+b}{2}$, $\frac{x+y}{2}$), H($\frac{c+d}{2}$, $\frac{z+u}{2}$)으로 이루어진 선분 EH의 중점이므로 G($\frac{a+b+c+d}{4}$, $\frac{x+y+z+u}{4}$)입니다. 마찬가지로 선분 IF의 중점을 구해도 G의 좌표와 일치합니다.

자, 이제 저울의 본래 기능인 무게의 측정에 대해 생각해 보겠습니다. 저울로 무게를 정확하게 측정하는 것이 과연 가능할까요? 불가능합니다. 예를 들어 돼지고기를 100g당 1,000원에 파는 정육점이 있다고 가정해 보세요. 손님은 돼지고기 600g을 사려고 주인에게 6,000원을 지불할 수 있습니다. 하지만 손님이 지불한 비용에 해당하는 돼지고기 600g을 저울로 정확하게 재서 판매하는 것은 주인의 입장에서는 여간 까다로운 일이 아닙니다. 대개의 경우 주인은 600g보다 더 많은 양을 손님에게 주게 됩니다. 만약 600g보다 적게 줄 경우 손님의 기분이 유쾌하지는 않을 테니까요. 무게는 이처럼 연속적인 양이라서 아무리 정확한 저울을 가지고 있어도 약간의 오차가 생기기 마련입니다. 따라서 정육점에서 돼지고기 600g이라고 말할 때는 정확한 무게의 값보다는 근사적인 값인 경우가 더 많게 되겠지요.

그림은 환전상 부부의 일상을 보여주고 있어요. 남자가 작은 저울을 이용해 동전의 무게를 달고 있어요. 한쪽 저울의 접시에는 금 조각이 놓여 있습니다. 옷을 멋지게 차려입은 부인은 기도서를 넘기던 도중 돈의 무게를 달며 셈을 하는 남편을 살짝 넘겨보고 있어요. 기도서는 뒷전이고 돈에 관심이 가 있는 것이지요.

남자는 숨을 고르며 신중한 자세로 저울의 균형을 잡기 위해 애를 쓰는 중입니다. 탁자 위에는 당시 통용되던 여러 종류의 동전이 가득 쌓여 있어요. 그림은 16세기 환전상의 하루를 사진처럼 정확하게 묘사하고 있습니다.

이처럼 16세기 그림에는 환전상이 모델인 그림이 자주 등장합니다. 환전상

퀸텐 마시스(Quentin Massys, 1465:66~1530) | 〈환전상과 그의 아내〉 | 1514

은 쉽게 말해 은행의 전신이라고 할 수 있어요. 그들은 동전을 교환해 주고 그 차익을 남겨 돈을 벌었습니다. 이 그림은 단순히 환전상의 일과를 표현한 것은 아닙니다. 숨겨진 깊은 의미가 있어요. 16세기 네덜란드인들이 종교적 헌신과 세속적 욕망 사이에서 갈등을 겪었다는 사실을 알려 주고 있어요. 당시에는 돈을 빌려주고 이자를 받는 사업이나 동전 교환업을 하면 교회의 눈치를 살펴야 했습니다. 교회가 금융업을 죄로 규정해 엄격히 금했으니까요. 반면 교회법을 지킬 필요가 없는 유태인들은 앞다투어 은행업에 뛰어들었으며 실제로 그들은 많은 부를 쌓았습니다. 그러나 돈을 벌고 싶은 인간의 끈끈한 욕망을 교회가 원천적으로 막을 수는 없었어요.

돈에 대한 극단적인 혐오와 탐욕이라는 상반된 감정을 그림이 어떻게 보여 주고 있는가를 보세요. 여인이 읽고 있는 기도서와 탁자에 놓인 크리스탈 꽃병, 선반에 걸어 둔 크리스탈 묵주는 신앙심을 상징하는 소재들입니다. 한편 꽃병 옆에 있는 검정 주머니 안의 진주와 각종 동전, 선반에 올려놓은 과일과 회계장부, 서류 등은 돈과 관련된 물건들입니다.

화가는 경건한 신앙심과 물질적 욕망을 대비시킨 것이지요. 그러나 화가는 급성장한 무역업으로 돈의 가치를 깨닫게 된 상인들이 교회의 가르침을 멀리 하고 돈에 더 매력을 느꼈다는 사실을 강조하고 있어요. 맨 앞쪽 계산대 위에 올려놓은 볼록거울을 유심히 살펴보세요. 거울 면에 커다란 창문과 빨간 모자를 쓴 남자의 모습이 비친 것을 확인할 수 있습니다. 그는 고객이며 자신이 가져온 돈의 가치가 저울로 측정되는 것을 지켜보는 중입니다. 당시 환전하는 사람들이 그만큼 많았다는 얘기이지요.

하지만 화가는 그림을 통해 정직한 마음으로 돈을 벌어야 한다는 교훈을 남기고 있어요. 거울을 이용해 가게 안과 밖을 동시에 보여주고 있어요. 이것은 고객을 속이지 말고 거울처럼 투명한 거래를 하라는 암시입니다.

그림의 원래 액자 틀에는 '공평한 저울과 공평한 추를 사용하라.'는 성경의 레위기 19장 36절이 적혀 있었다고 해요. 상업이 번창하면서 인간의 마음속에 싹튼 돈에 대한 탐욕과 과시, 인색함을 준엄하게 경고한 것이지요. 저울을 등장시켜 정신과 물질 사이에서 윤리적 갈등을 겪는 당시 사회 분위기를 표현한 화가의 기지가 놀랍기만 합니다.

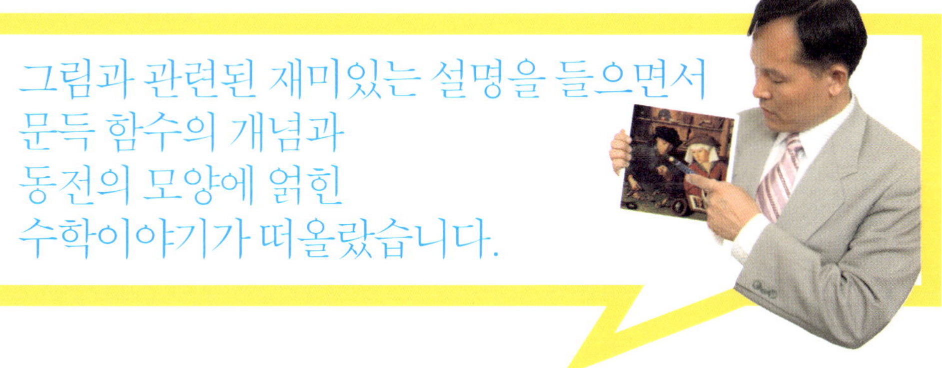

환전을 하려면 두 양 사이에는 관계가 정해져 있어야 합니다. A라는 사람이 B라는 사람에게 금을 가져가 환전하려는 경우 두 대상(금과 돈) 사이에는 대응관계가 성립됩니다. 바로 이런 점에서 함수라는 수학적 개념을 생각할 수 있습니다. 그럼 여기서 잠깐 수학에서 말하는 함수의 정의를 살펴보도록 하지요. 어떤 대상을 가진 두 집합 A, B가 있을 때 집합 A의 각 원소에 대하여 B의 원소가 하나씩 대응할 때, 집합 A와 B 사이엔 함수관계가 있다고 말하며 이 대응관계를 보통 'A에서 B로의 함수'라고 부릅니다. 예를 들어 자판기에 동전을 넣어 자신이 선택한 음료가 나오는 경우 동전과 음료 사이에는 일종의 함수관계가 주어지는 셈이죠.

자, 이제 동전의 모양을 살펴볼 차례입니다. 시대와 나라마다 약간의 차이는 있지만 대부분 동전의 모양은 원 모양이지요. 그렇다면 동전 모양으로 원이

자주 이용되는 이유는 무엇일까요? 혹 돌고 돌라는 의미에서 원 모양으로 만든 것은 아닐까요. 그 이유의 답은 각자의 상상에 맡기고 이번에는 동전을 가지고 수학적인 원의 특징을 살펴보도록 하지요. 같은 크기의 동전 한 개를 같은 크기의 동전으로 둘러싸려면 몇 개의 동전이 필요할까요?

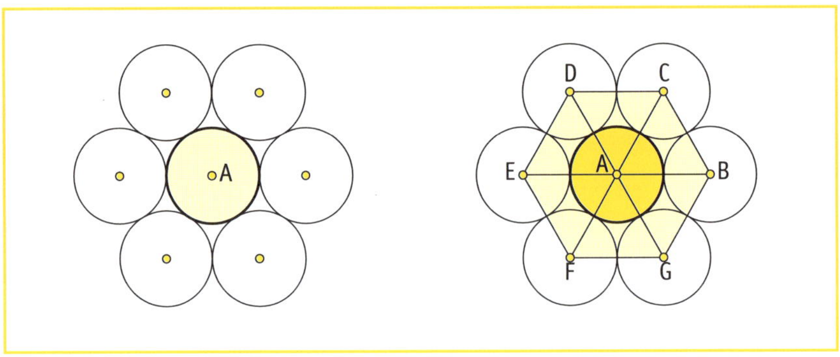

그림에서 알 수 있듯이 동전의 종류와 상관없이 하나의 동전을 둘러싸는데 필요한 동전의 개수는 여섯 개입니다. 가운데 원을 둘러싼 여섯 원의 중심을 서로 연결하면 여섯 개의 정삼각형이 그려지고 이 삼각형들이 모여 정육각형을 만들기 때문에 항상 여섯 개의 원이 필요한 셈이지요.

6-1. 평면 위에 그려진 삼각형 ABC의 무게중심을 잡아 보세요.

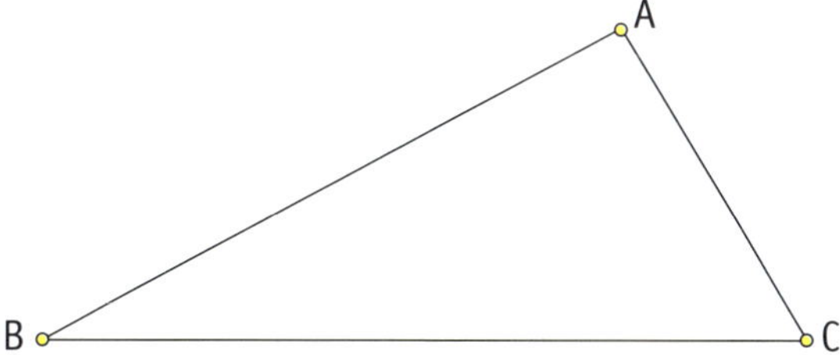

6-2. 무게가 1g, 2g, 4g, 8g, 16g인 다섯 종류의 분동이 있습니다. 다섯 개의 분동으로 잴
수 있는 무게의 종류는 몇 가지일까요?

☞ 해답 P. 234-235

　〈금을 다는 여인〉의 무게중심은 어디에 있을까요?

라파엘로는 이상적인 성향의 플라톤과 현실적인 성향의 아리스토텔레스의 개성을 절묘하게 대립시키고 있어요. 이상주의자인 플라톤은 정열을 뜻하는 붉은색을, 이성적인 아리스토텔레스는 중재와 평정의 색인 청색 옷을 입혔습니다.
또한 라파엘로는 두 사람의 상반된 사상을 강조하기 위해 두 철학가를 중심에 두고 그의 제자들을 좌우대칭이 되도록 배치했어요. 철학의 커다란 두 줄기인 플라톤 사상과 아리스토텔레스 사상을 대조시키기 위해서입니다.

원근법으로 그려진 〈아테네 학당〉과 〈몬테펠트로의 제단화〉의 수학적 비밀은?

요즘 경제에 관한 국민들의 관심이 눈에 띄게 높아졌어요. 따라서 사람들이 더욱 귀를 바짝 세우고 저울과 동전에 관한 이야기를 들었을 것 같아요. 지금껏 돈 이야기를 나누었으니까 이번에는 청정한 학문의 세계를 경험하는 것이 좋겠어요.

특히 라파엘로는 뛰어난 재능에 훤칠한 외모와 부드러운 성품까지 지녀 르네상스인들로부터 많은 사랑을 받았어요. 그럼 '짐승까지도 그를 사랑할 수밖에 없었다.'는 극찬을 받은 라파엘로의 그림 세계를 살펴보도록 하겠어요.

웅장하고 거대한 현관 홀이 보입니다. 실내가 툭 트인 넓고 밝은 건물 안에 사람들이 제각기 무리를 지어 모여 있어요. 이들은 한결같이 서양문명사를 화려하게 수놓은 학자들인데 무려 54명이나 됩니다. 화면 중심 인물은 고대 철학자인 플라톤과 아리스토텔레스입니다. 라파엘로는 플라톤과 아리스토텔레스를 상상 속의 건물 한가운데 배치했어요. 두 철학자 옆에 철학자와 수학자, 과학자들이 다양한 자세를 취하고 있어요. 소크라테스와 디오게네스, 피타고

라파엘로 (Raffaello Snzio di Urbino, 1483~1520) | 〈아테네 학당〉| 1508~1511

지혜를 상징하는
방패를 가진 아테네 신상
지상을 가리키는
아리스토텔레스
컴퍼스를 돌리는 유클리드
계단에 누운 디오게네스
두 개의 삼각형을 서로 겹쳐 만든 육각형 별

라스, 유클리드 등 위대한 철학자와 수학자들의 모습이 눈에 띕니다. 그러나 라파엘로는 기라성 같은 학자들을 젖히고 플라톤과 아리스토텔레스를 그림의 두 주연 배우로 선택했어요. 당시 르네상스인들은 철학계의 두 거장인 플라톤과 아리스토텔레스를 존경하며 두 학자의 상반된 이론에 대한 논쟁을 벌이는 경우가 많았기 때문입니다.

플라톤은 오른쪽 손가락으로 하늘을 가리키며 그의 핵심사상인 이데아를 설파합니다. 반면 아리스토텔레스는 지상을 가리키며 현실세계를 논합니다. 고대 철학계의 두 거물이 경쟁적으로 자신의 이론을 강의하는 것이지요. 라파엘로는 이상적인 성향의 플라톤과 현실적인 성향의 아리스토텔레스의 개성을 절묘하게 대립시키고 있어요. 이상주의자인 플라톤은 정열을 뜻하는 붉은색을, 이성적인 아리스토텔레스는 중재와 평정의 색인 청색 옷을 입었습니다.

또한 라파엘로는 두 사람의 상반된 사상을 강조하기 위해 두 철학가를 중심에 두고 그의 제자들을 좌우대칭이 되도록 배치했어요. 철학의 커다란 두 줄기인 플라톤 사상과 아리스토텔레스 사상을 대조시키기 위해서입니다.

그림에서 또 다른 대칭을 찾을 수 있어요. 건물 좌우 벽을 살펴보세요. 칠현금을 든 아폴론 상과 지혜를 상징하는 방패와 창을 가진 아테네 신상이 좌우로 장식되어 있어요. 두 남녀 신은 모두 학문과 예술을 관장하는 신이지요. 이런 여러 가지 대립적인 조형요소들이 두 철학자의 연극적인 몸짓과 어우러지면서 아름다운 조화를 이룹니다. 아테네 학당이 걸작으로 평가받은 것은 또 다른 이유가 있어요. 마치 숨은 그림 찾기처럼 위대한 학자들을 추리하는 즐거움을 주기 때문입니다. 플라톤의 설명에 열중한 제자들 뒤로 사람들과 함께 질문 놀이를 하면서 철학적 물음을 던지는 학자가 보이지요? 이 사람은 바로 소크라테스입니다. 어떻게 그를 알아보았을까요? 그 유명한 들창코와 벗겨진 머리로 인해 한눈에 소크라테스임을 알 수 있어요. 소크라테스는 진지한 표정으로 손가락을 펴 보이며 자신의 이론을 열심히 설파합니다.

한편 망토를 깔고 계단 위에 누워있는 사람은 디오게네스입니다. 그는 명예와 부를 하찮게 여긴 견유학파의 전형적인 인물이지요. 대낮에도 등불을 켜고 정직한 사람을 찾아다닌 일화로 유명합니다. 디오게네스는 세속적 욕망을 거침없이 내던진 도덕의 파수꾼답게 유유자적한 모습으로 책을 읽고 있어요. 이 밖에도 그림에서 숱한 철학자들을 찾을 수 있지만 너무 많은 관계로 생략하고 수학과 관련된 인물로 건너뛰겠어요. 화면 아래 왼편에 피타고라스 그룹이 보입니다. 피타고라스는 한쪽 무릎을 꿇은 채 큼직한 책에 무언가를 열심히 적고 있어요. 하얀 깃털 펜을 쥔 손가락은 잉크가 묻는 것을 피하기 위해 골무를 끼었으며 다른 한 손은 검정색 잉크를 들고 있습니다. 그는 지금 음악과 수학 사이의 수적 관계를 논증해 보이는 중이에요. 어린 제자가 스승의 발치에서 손으로 공손히 흑판을 받치고 있어요. 흑판에는 피타고리스의 기본적 수론인 (1+2+3+4=10) 도표가 로마 숫자로 표기되어 있습니다. 당시 지식인 사이에 로마 숫자가 널리 사용되었음을 알 수 있습니다.

한편 화면 아래 오른편은 천문학자와 기하학자의 그룹이 토론에 열을 올리고 있어요. 그 가운데 허리를 굽힌 채 컴퍼스를 돌리는 학자는 기하학자인 유클리드입니다. 그는 흑판에 그려진 도면의 작도법과 원리를 제자들에게 설명하고 있어요. 그림을 자세히 살펴보면 두 개의 삼각형을 서로 겹쳐 만든 육각형 별을 확인할 수 있어요. 학구열에 불탄 소년들과 스승의 눈길이 컴퍼스와 흑판으로 집중되고 있어요. 맨 앞의 소년을 보세요. 허리를 굽혀 스승과 머리를 맞대고 컴퍼스의 움직임을 일일이 확인합니다. 너무도 진지한 학문적 태도에 저절로 고개가 숙여집니다.

선생님, 철학자와 수학자들이 모여있는 라파엘로의 <아테네 학당>에서 가장 인상적인 인물은 누구일까요? 아울러 그 인물에 대한 수학적 업적도 궁금하군요.

대신 이 그림을 분석할 때 중요한 역할을 하는 삼각형과 관련하여 세 수학자 피타고라스, 플라톤, 유클리드가 다루었던 수학적 내용을 간단히 살펴보겠습니다.

수학자 피타고라스는 모든 대상물을 수와 연관시켜 생각하여 '수는 만물의 척도다.'라는 입장을 견지했지요. 심지어 추상적 대상인 수를 도형을 이용하여 설명했습니다. 순서나 개수를 셀 때 주로 사용하는 수인 자연수를 점으로 표현하여 삼각형 모양으로 나열했어요. 1은 점 한 개, 2는 점 두 개, 3은 점 세 개, 4는 점 네 개 등으로 표현하였습니다. 이 수점을 삼각형 모양으로 배열하면 재미있는 수의 규칙을 발견할 수 있는데요, 자연수 1, 2, 3, 4를 점으로 나타내면 그림과 같습니다.

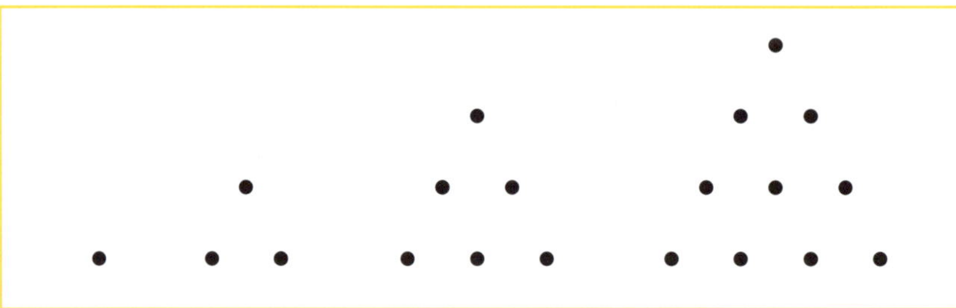

이것을 수로 나타내면 1, 1+2, 1+2+3, 1+2+3+4입니다. 즉 1, 3, 6, 10입니다. 피타고라스는 삼각형으로 배열한 이 같은 수를 삼각수라고 불렀습니다. 도형을 가지고 수 개념을 이해할 수 있도록 했다는 점에서 피타고라스는 훌륭한 수학교육자로 불려도 좋을 것 같습니다.

수학자 플라톤은 우주를 구성하는 네 가지 요소(불, 흙, 공기, 물)를 수학적 도형으로 설명했습니다. 원래 이런 생각은 피타고라스가 주장한 것입니다. 이 신념이 정다면체에 대한 연구로 이어져 결국에는 불, 흙, 공기, 물이라는 요소가 정다면체의 모양을 구성한다는 사상까지 낳게 되었습니다. 그래서 일까요? 플라톤은 '불은 정사면체(정삼각형 네 개로 구성됨), 흙은 정육면체(정사각형 여섯 개로 구성됨), 공기는 정팔면체(정삼각형 여덟 개로 구성됨), 물은 정이십면체(정삼각형 20개로 구성됨)' 라고 생각했습니다. 그렇다면 이 네 가지를

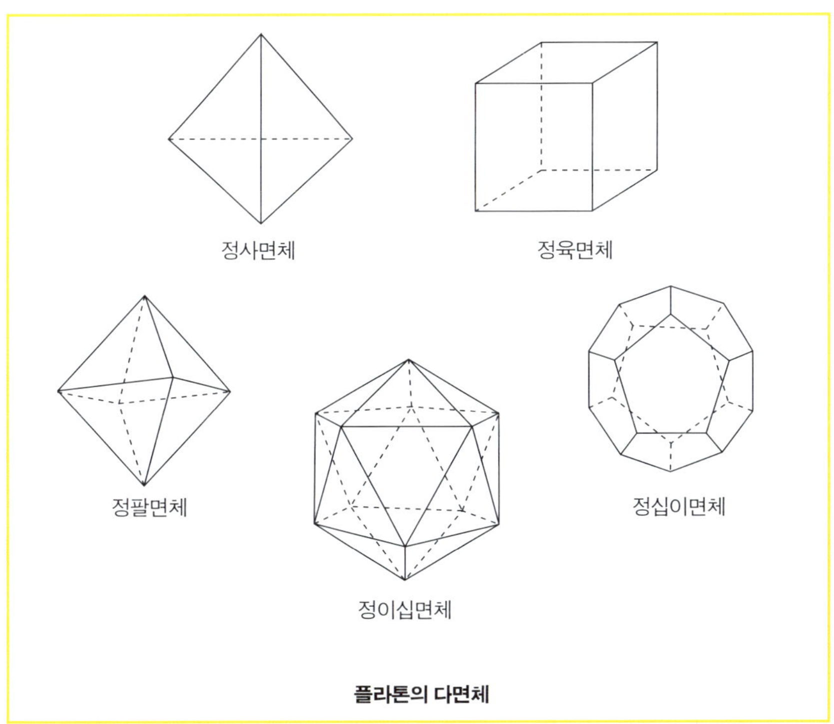

플라톤의 다면체

모두 담고 있는 우주는 어떤 도형이라고 생각했을까요? 플라톤은 우주를 정오각형 12개로 구성된 정십이면체라고 생각했습니다. 그래서 이 다섯 가지 다면체(정사면체, 정육면체, 정팔면체, 정십이면체, 정이십면체)를 '플라톤의 다면체'라고 부릅니다.

다음은 <원론, Elements>이란 수학 책을 저술한 것으로 유명한 수학자 유클리드를 이야기해 볼까요? <원론>은 지금까지도 수학교육의 중심을 이루며, 비유클리드 기하학이라는 새로운 수학을 탄생시킨 계기를 만들었습니다. <원론>에 제시된 삼각형의 정의를 살펴보면 '삼각형 중에서, 정삼각형은 세 변의 길이가 같은 것이고, 이등변삼각형은 두 변만 같은 것이고, 부등변삼각형은 세 변이 같지 않은 것이다.'라고 쓰여져 있습니다.

문득 유클리드의 말이 떠오릅니다.
'기하학을 모르는 자는 이 문(아테네 학당?)을 들어서지 말라.'
그럼 유클리드와 함께 라파엘로의 <아테네 학당>으로 들어가 볼까요? 이 그림을 자세히 살펴보면 윗부분에 무지개를 연상시키는 반원이 반복되고 그림의 바닥부분엔 정사각형 문양이 반복됩니다. 마치 '하늘은 둥글고 땅은 네모나다.'는 사상을 그림으로 나타낸 듯한 인상을 받게 됩니다. 동양에서도 '하늘은 둥글고 땅은 네모나다.'는 뜻에서 '천원지방(天圓地方)'이란 표현을 사용했지요. 우리나라에 있는 경주 첨성대의 구조에서도 이런 개념을 발견할 수

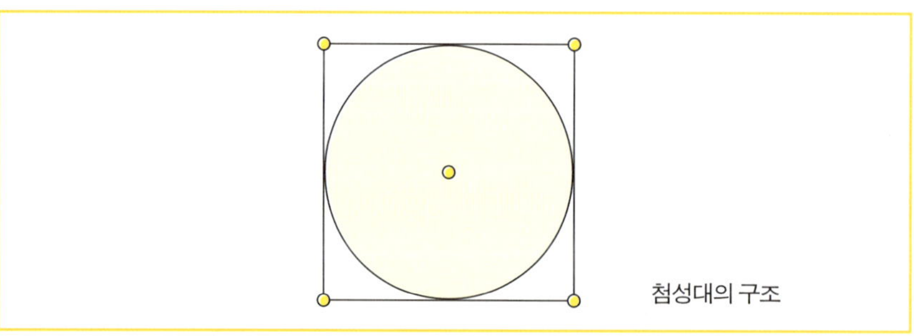

첨성대의 구조

있습니다. 정사각형 모양의 기단 위에 원형으로 돌을 쌓아 올려서 정사각형에 내접하는 원의 구조를 이루고 있으니까요.

이번에는 라파엘로가 그린 <아테네 학당>에 가상적으로 보조선들을 그어 보겠어요. 반원 모양의 천장에 주목해 보면 반원이 서로 닮은꼴을 유지하면서 점점 크기가 작아지는 것과 보조선이 한 점에서 만나게 됨을 알 수 있습니다. 뿐만 아니라 바닥의 정사각형 무늬 보조선들도 한 점에서 만나게 됩니다. 이 점들은 모두 소실점이라고 불리는데요, 소실점을 꼭짓점으로 갖는 삼각형을 생각하면 <아테네 학당>의 경우 두 종류의 삼각형이 생겨납니다. 두 개의 소실점 중 위의 것은 역삼각형, 아래 것은 보통의 삼각형 모양이지요. 두 개의 삼각형을 같이 연결하면 마치 모래시계처럼 보이겠군요. 그렇다면 라파엘로는 단지 원근 표현을 위해 두 개의 소실점을 사용했을까요?

천장을 하늘(이상세계), 바닥을 땅(현실세계)이라고 가정하면 그림의 상하는 이상과 현실의 조화를 상징한다고 생각할 수 있습니다. 또 왼쪽에 배치된

    원근법으로 그려진 <아테네 학당>과 <몬테펠트로의 제단화>의 수학적 비밀은?

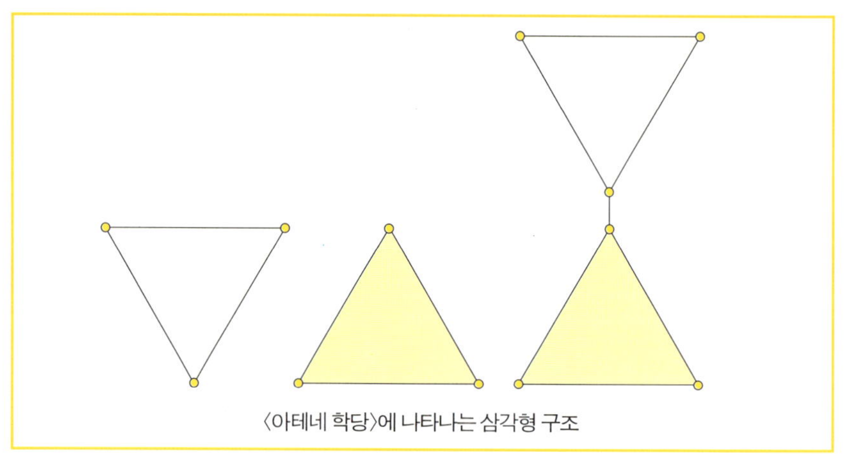

〈아테네 학당〉에 나타나는 삼각형 구조

플라톤을 이상주의자, 오른쪽에 배치된 아리스토텔레스를 현실주자의자라고 가정하면 그림의 좌우는 이상과 현실의 조화를 상징한다고 할 수 있겠지요. 소실점을 중심으로 하늘과 땅의 조화, 이상과 현실의 조화를 생각하고 라파엘로는 이 작품에 임했을지도 모를 일입니다.

이번엔 소실점을 기준으로 가로, 세로 방향으로 수평선과 수직선을 그려보세요. 수평선을 중심으로 윗부분은 신의 세계를 아래 부분은 인간의 세계를 상징한다고 생각되지 않나요? 수직선을 중심으로 좌우의 조각상은 물론 밑에 부조 형식의 조각 역시 균형을 이루고 있습니다. 이렇듯 라파엘로의 <아테네 학당>은 수직선을 중심으로 균형을 이루고 있음을 알 수 있습니다.

성모 마리아가 옥좌에 앉아 두 손을 모으고 경배를 드립니다. 아기 예수는

성모의 무릎 위에 누운 채 곤히 잠들어 있어요. 고귀한 성모를 보호하듯 성자들이 성모 마리아를 에워싸고 있어요. 화면 왼쪽에 세례 요한과 성자 베라나르디노, 사막의 암굴에서 고행한 성 히에로니무스의 모습이 보입니다. 화면 오른쪽에 성서를 든 사람은 복음서 저자인 사도 요한이며, 찢어진 사제복을 들추어 상처를 내보이는 사람은 성 프란체스코, 그 뒤 머리에 뒷사국이 난 수도승은 13세기에 순교한 성 베드로입니다. 성모 뒤에는 내 명의 천사가 성모를 호위하고 있어요. 맨 앞에 투구와 무릎 덮개를 벗은 채 경배하는 남자는 당대 최고의 용병대장인 몬테펠트로 공작입니다. 용병대장이란 돈을 받고 전쟁을 대신해 주는 직업 군인을 말합니다. 몬테펠트로 공작은 얼마나 용맹을 떨쳤던지 금세 교황의 신임을 얻어 교황군대의 총 지휘관의 자리에 올랐어요. 그러나 제아무리 전투에 능해도 상처를 입는 경우가 생겨요. 몬테펠트로는 치열한 전투를 치루다 그만 불행히도 오른쪽 눈을 잃었습니다. 그 사건 이후 화가들은 그의 다친 눈을 가리기 위해 왼쪽 얼굴만 보이는 측면 초상화를 그렸습니다. 당시 고객들은 결점을 감추고 자신을 미화시킨 그림을 더 원했으니까요. 그러나 이런 심정은 현대인들도 마찬가지일 거예요. 사진을 찍을 때 가능한 실물보다 근사하게 나오기를 바라고 심지어 사진을 수정하는 경우도 자주 볼 수 있잖아요.

그런데 당대 최고의 용장이 왜 난데없는 성화에 등장했을까요? 그가 바로 이 그림을 주문한 고객이기 때문입니다. 르네상스 시대 그림의 주요 고객은 왕족과 귀족, 교회, 부유한 상인이었어요. 특히 권력자들은 자신이 주문한 작품이 교회에 걸리기를 간절히 바랐어요. 자신의 모습을 후세에 알릴 수 있으며, 교회의 축복과 신도들의 부러움을 한몸에 받을 수 있는 절호의 기회였으니까요. 주문자들은 경쟁적으로 교회에 제단화를 기증했어요. 더불어 자신의 모습이 성화에 재현되기를 원했어요. 그림은 당대 실력가인 몬테펠트로가 성화를 주문한 고객이며 그림을 교회에 기증한 사람이라는 사실을 알려주고 있습니다. 그림은 이런 미술적 지식 이외도 수학적으로도 관심을 끄는 요소가 많아요. 프란체스카는 다른 르네상스 화가들처럼 대수와 기하학에 뛰어났어요.

후대에까지 소문이 자자한 그의 수학 실력을 눈으로 직접 확인하겠어요. 프란체스카는 성 모자와 성자들을 대리석으로 화려하게 지어진 교회 내부에 서 있게 했어요. 그리고 아치의 중앙부 우물 반자 장식을 중심으로 좌우 4열씩 배열해 완벽한 대칭을 만들었습니다. 아치 안쪽으로 들어갈수록 우물 반자는 작고 얇아집니다. 이는 중앙 원근법을 사용해 공간의 깊이를 표현하기 위한 수학적 계산에 따른 것이지요. 한편 그림의 배경인 건축적인 공간도 완벽한 대칭형이 되도록 그려졌어요. 또 아치 천장의 안쪽 벽에는 커다란 조개와 금줄에 매달린 달걀을 그렸습니다. 달걀을 매단 금줄을 보세요. 정확히 아치 폭의 중앙에 놓인 것을 확인할 수 있습니다.

그러나 한 가지 실수를 발견할 수 있어요. 조개와 그 끝에 매달린 달걀은 인물들 뒤로 가서 보다 작게 그려졌어야 했는데도 마치 성모의 머리 위에 매달린 것처럼 크게 그려졌어요. 수학에 정통한 프란체스카가 왜 이처럼 치명적인 실수를 한 것일까요? 바로 조개와 달걀이 지닌 상징성을 강조하기 위해서입니다. 기독교 도상학에서 조개는 순교를 의미합니다. 알은 원죄 없이 잉태된 마리아의 무염시태 됨과 탄생을, 또는 그리스도의 부활을 상징하기도 합니다. 이를 증명하듯 화가는 그림 오른편에서 눈부시게 환한 빛을 비추어 알의 존재를 선명하게 드러내고 있어요. 이 빛은 어머니의 몸인 교회를 관통하는 빛이며 그리스도를 암시합니다. 프란체스카는 성모와 그리스도를 찬미하기 위해 자신의 수학적 지식을 희생한 것이지요.

선생님은 프란체스카의 그림과 라파엘로의 그림 중 어느 것이 더 완벽한 대칭을 이루고 있다고 생각하시는지요? 그리고 프란체스카의 그림은 어떤 수학적 의미를 담고 있는지 말씀해 주세요.

프란체스카(Piero della Francesca, 1420?~1492) | 〈몬테펠트로의 제단화〉| 1465~1472

먼저 천장 부분에 드리워진 줄에 맞추어 가상의 수직선을 그어 보세요. 조개그림과 천장무늬가 좌우대칭을 이루고 있습니다. 이번에는 성모를 중심으로 사람 수를 세어 보세요. 왼쪽에 있는 서 있는 사람이 다섯, 오른쪽에 서 있는 사람도 다섯이지요. 그림의 중심 아래 왼쪽엔 아기 예수를, 오른쪽엔 군인을 배치시켜 좌우에 각각 여섯 명이 배치된 셈입니다. 결국 성모를 중심으로 좌우 열두 명이 배치된 것이지요. 물론 성모 마리아를 포함하면 모두 열세 명

이지만 말입니다. 단순하게 생각하면 레오나르도 다 빈치의 <최후의 만찬> 그림에 등장하는 인물의 수와 일치합니다.

또 하나 흥미로운 것은 천장 문양에서 방사선 모양으로 된 선들을 가상적으로 이어보면 성모 마리아의 머리 부분에서 만난다는 사실입니다. 성모의 머리에서 가상적으로 수평선을 그어 수평선 위의 세계를 신의 세계, 수평선 아래 세계를 인간의 세계라고 가정하면 마치 천상의 지식들이 성모 마리아의 머리에 모이는 것 같은 착각을 불러일으킵니다.

이 성모 마리아의 모습에서 재밌는 점은 기도하는 손에 있습니다. 기도할 때 두 손이 가장 안정적인 균형을 이루기 때문이지요. 그렇다면 이때 손의 각도는 몇 도가 될까요? 약 120도가 됩니다. 어떤 물체를 같은 힘으로 세 방향에서 잡아당겨 균형을 이룰 때, 세 방향의 힘이 이루는 각의 크기는 기도할 때 손의 각도와 같은 120도입니다. 한 번 두 손을 모아 성모 마리아처럼 기도해 보세요. 어때요, 가장 편안하고 자연스럽지 않나요? 그렇다면 이 사실을 수학적인 방법으로 해석해보지요. 수학적으로 120도는 정삼각형을 모델로 설명할 수 있습니다. 정삼각형을 그리고 각 변의 중점을 잡아 마주보는 꼭짓점과 연결해 보세요. 세 선분이 한 점에서 만나게 되는데 이 점이 바로 삼각형의 무게중심이지요. 정삼각형의 무게중심에서 뻗어 나간 세 선분은 서로 120도의 각을 이루게 됩니다.

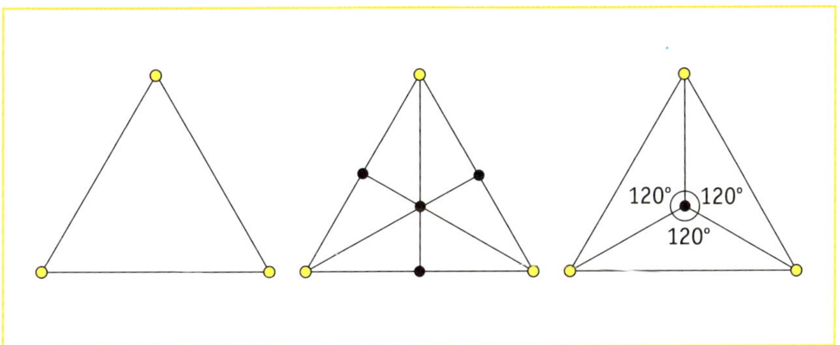

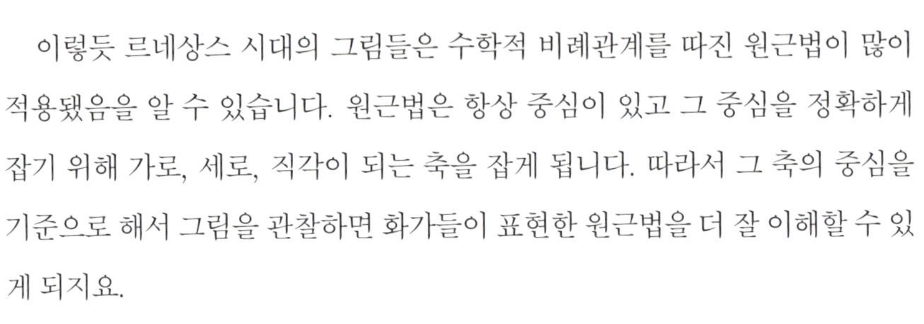

　이렇듯 르네상스 시대의 그림들은 수학적 비례관계를 따진 원근법이 많이 적용됐음을 알 수 있습니다. 원근법은 항상 중심이 있고 그 중심을 정확하게 잡기 위해 가로, 세로, 직각이 되는 축을 잡게 됩니다. 따라서 그 축의 중심을 기준으로 해서 그림을 관찰하면 화가들이 표현한 원근법을 더 잘 이해할 수 있게 되지요.

7-1. 라파엘로의 〈아테네학당〉에서 천원지방(하늘은 둥글고 땅은 네모나다)의 개념을 보게 되는데 이 개념과 관련된 문제입니다. 한 변의 길이가 4인 정사각형에 내접하는 원을 그리고 이 원에 내접하는 정사각형을 그렸습니다. 작은 정사각형의 넓이는 얼마일까요?

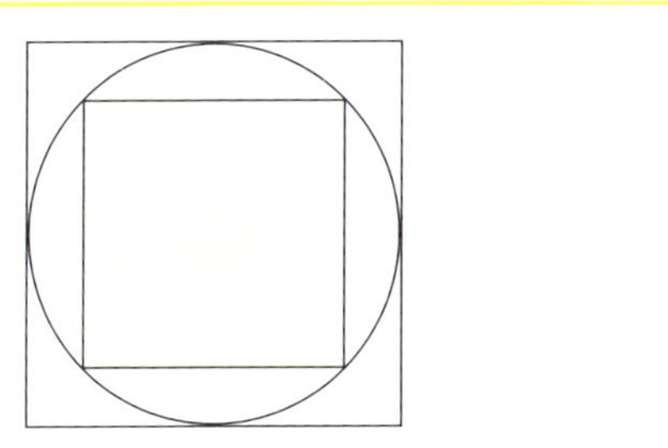

7-2. 라파엘로의 〈아테네학당〉에서는 수학자 피타고라스가 등장합니다. 그는 '수는 만물의 척도다.'라는 입장을 견지하며 모든 대상물을 수와 연관시켰어요. 심지어 추상적 대상인 수를 도형으로 설명하기도 했지요. 다음 그림을 잘 살펴보면 규칙을 발견할 수 있는데요, 이 규칙에 따라 등장하는 열 번째 수는 무엇일까요?

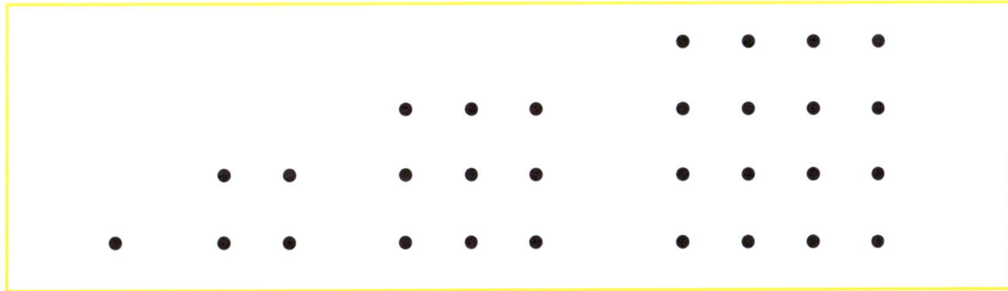

☞ 해답 P. 236

다 빈치는 그리스도의 등 뒤 창문에서 빛이 스며들게 했어요. 신성한 그리스도의 몸체를 또렷하게 부각시키고 신체를 더욱 크고 위엄 있게 보이기 위해서입니다. 한편 식탁은 수평선으로, 천장은 격자 형태로, 벽은 여러 개의 벽걸이 장식을 수직선이 되도록 배치했어요. 이런 수학적인 구도가 관객을 공간 속으로 깊숙이 끌어들이는 듯한 환각을 줍니다. 다 빈치가 이처럼 화면에 극적인 긴장감을 연출할 수 있게 된 것은 르네상스 미술가들을 사로잡았던 원근법을 도입한 결과입니다.

〈최후의 만찬〉에 감춰진 비밀스런 수와 기호의 상징은?

조금 전 라파엘로와 레오나르도 다 빈치,
미켈란젤로가 르네상스 3대 거장이라는
말씀을 드렸어요. 이 세 예술가 중 가장 인기가
많은 사람은 레오나르도 다 빈치가 아닐까
싶어요. 그래서 이번에 감상할 명화로
레오나르도 다 빈치의
〈최후의 만찬, 1494~1498〉을
준비했습니다. 이 그림은 세상에서
가장 유명한 그림 중 하나로 알려져 있어요.

불후의 걸작이라는 찬사에 걸맞게 그림이 그려진 당시부터 화제의 대상이었습니다. 최근 〈다빈치 코드〉라는 세계적인 베스트셀러가 이 작품을 모델로 한 덕분에 더욱 인기를 끌고 있어요. 〈최후의 만찬〉은 왜 그토록 오랜 세월에 걸쳐 명작 중의 명작으로 대접을 받는 것일까요? 먼저 미술사를 통틀어 최고의 천재로 인정받는 다 빈치의 대표적인 작품이라는 사실을 들 수 있겠어요. 다음은 빼어난 작품성을 꼽을 수 있겠습니다. 다 빈치는 이 그림을 통해 인간의 다양한 감정과 제스처를 완벽하게 보여주고 있어요. 관객은 그림을 보면서 등장인물들의 정신과 육체적 반응을 마치 자신의 것인 양 생생하게 느끼게 됩니다. 그런 까닭에 이 그림을 가리켜 '인간 감정의 백과사전'으로 부르는 것이지요.

그럼 〈최후의 만찬〉이 걸작이 된 배경을 차례로 짚어 보도록 하겠어요. 기다란 식탁 한가운데 그리스도가 앉아 있으며 그 양옆에 열두 제자들이 자리하고 있습니다. 그런데 제자들의 표정과 동작이 예사롭지 않아요. 그들은 손짓과

레오나르도 다 빈치(Leonardo da Vinci, 1452~1519) | 〈최후의 만찬〉| 1494~1498

　〈최후의 만찬〉에 감춰진 비밀스런 수와 기호의 상징은?

몸짓을 총동원해 무언가를 강하게 표현하고 있어요. 화면 전체에서 흥분과 긴장감이 느껴집니다. 열두 제자들은 왜 이토록 격렬한 몸동작을 하는 것일까요? 바로 그리스도가 '진실로, 진실로 내가 너희에게 말하노니 너희 중 한 사람이 나를 배신하리라.' 는 폭탄선언을 했기 때문입니다.

난데없는 예수의 말이 번개처럼 제자들을 내리치면서 좌중은 순간 놀라움과 충격에 휩싸였어요. 제자들은 감정의 폭풍에 휘말려 조건 반사적인 행동을 합니다. 자신의 무죄를 주장하는 제자들의 다양한 제스처를 보세요. 그들은 인간이 나타낼 수 있는 정서적 반응을 숨김없이 보여주고 있어요. 천재인 다 빈치는 명성 그대로, 성서에 나온 제자들의 성격을 세심하게 파악한 후 각자의 기질에 맞게 감정을 표현한 것입니다. 아울러 감정의 파장까지 치밀하게 계산해 구도에 반영했어요.

감정의 파도가 예수 곁에 가까이 다가갈수록 더욱 거센 풍랑을 일으킵니다. 멀리 떨어져 앉은 제자들에 비해 그리스도 곁에 앉은 제자들이 더욱 격렬하게 움직이는 것을 확인할 수 있어요. 한 무리의 제자들이 밀물처럼 앞쪽으로 쏠리면 마치 화답이라도 하듯 다른 그룹은 썰물처럼 뒤쪽으로 빠집니다. 아, 그런데 예수의 몸짓을 보세요. 두 팔을 가만히 벌려 부산을 떠는 제자들을 다독이듯 손을 조용히 식탁 위에 얹습니다. 그리스도 앞 식탁에는 채 손대지 않은 빵과 잘 정돈된 그릇이 놓여 있어요. 반면 제자들의 식탁 앞은 지저분하고 어지럽게 흐트러져 있습니다. 정적과 소란, 신성과 세속, 용서와 배신의 드라마가 펼쳐집니다. 다 빈치는 선과 악이라는 지극히 상반된 두 감정을 극적으로 대조시켰어요. 다양한 제스처와 감정 표현을 통해 인간의 갖가지 유형을 보여준 것이지요.

다 빈치의 위대함은 사람들의 몸동작을 통해 감정을 전달하는 것에 그치지 않아요. 만능인 다 빈치는 이 그림에서 수학자로 불려도 전혀 손색이 없을 만큼 완벽한 수학적 지식을 발휘했어요. 그는 열두 제자들을 그리스도를 중심으로 좌우대칭이 되게 나뉘어 앉혔어요. 한 걸음 더 나아가 각각 세 사람씩 작은 무리를 지어 균등하게 배치했어요. 좌우대칭 덕분에 예수는 화면의 중심인물이 되었습니다.

또 다 빈치는 그리스도의 등 뒤 창문에서 빛이 스며들게 했어요. 신성한 그리스도의 몸체를 뚜렷하게 부각시키고 신체를 더욱 크고 위엄 있게 보이기 위해서입니다. 한편 식탁은 수평선으로, 천장은 격자 형태로, 벽은 여러 개의 벽걸이 장식을 수직선이 되도록 배치했어요. 이런 수학적인 구도가 관객을 공간 속으로 깊숙이 끌어들이는 듯한 환각을 줍니다. 다 빈치가 이처럼 화면에 극적인 긴장감을 연출할 수 있게 된 것은 르네상스 미술가들을 사로잡았던 원근법을 도입한 결과입니다.

원근법은 과연 무엇일까요? 다 빈치는 저서 <회화론>에서 이렇게 정의하고 있어요. '원근법이란 대상이 되는 형상과 크기, 색채의 점진적인 감소를 말한다.' 공간의 용적을 자로 잰 듯 평면 위에 옮겨 실제처럼 보이게 한 원근법을 처음 개발한 사람은 르네상스 시대 건축가인 부르넬레스키입니다. 부르넬레스키는 자신이 창안한 비법을 자랑하기 위해 많은 시민들이 모인 광장에서 공개시연을 벌였어요. 미술가들은 엄격한 수학적 계산 하에 구성된 공간이 불러일으키는 마술 같은 효과에 열광을 금치 못했어요. 지적 호기심이 유난히 강했던 다 빈치는 특히 원근법에 몰두했어요. 그는 원근법에 대한 연구를 <최후의 만찬>에서 실현했습니다.

다 빈치가 천재임을 말해 주는 또 한 가지 명백한 증거가 있어요. 그는 극적인 효과를 계산해 빛을 화면 왼쪽 위에서 아래쪽으로 비치도록 했어요. 저 놀라운 효과를 보세요. 그리스도 오른편에 앉은 제자들의 얼굴은 빛을 받아 환하지만 유독 한 사람의 얼굴만 그늘에 가려 희미합니다. 죄의식으로 짐짓 뒤로 몸을 빼며 돈주머니를 움켜 쥔 남자가 바로 배신자 유다입니다. 다 빈치는 스승을 배신한 유다를 어둠의 자식답게 제자들의 무리에서 고립시켰으며 어두운 그늘 속에 배치한 것이지요.

참, 그림에 담긴 재미있는 에피소드가 있어요. 다 빈치는 열한 제자들의 얼굴은 쉽게 그렸지만 예수와 유다의 얼굴을 묘사하는데는 많은 어려움을 겪었어요. 고귀함의 상징인 그리스도의 얼굴과 비열함의 상징인 유다의 얼굴에 적합한 모델을 주변에서 찾을 수 없었기 때문입니다.

선생님, 레오나르도 다 빈치는 화가인 동시에 뛰어난 수학자이기도 한데요. 그가 〈최후의 만찬〉에 어떤 수학적 의미들을 숨겨 놓았는지 궁금합니다.

다 빈치는 자연에 대한 면밀한 관찰과 스케치를 통해 삼라만상에 담긴 수학적 규칙과 비밀스러운 구조, 본질을 자신의 그림에 표현한 듯 합니다. 이 그림에서는 수학과 관련하여 크게 두 가지 요소를 보게 됩니다. 하나는 수이고, 또 하나는 도형입니다. 다 빈치는 이 그림 속에 암호로 수와 도형을 그려 넣었을 것으로 생각됩니다.

먼저 이 그림에 숨어있는 도형을 찾아 보겠습니다. 예수의 눈을 중심으로 가상의 수평선과 수직선을 그어 보세요. 수평선을 중심으로 그림을 살펴보면 윗부분보다 아래 부분이, 왼쪽보다 오른쪽이 더 밝다는 것을 알 수 있어요. 이것은 예

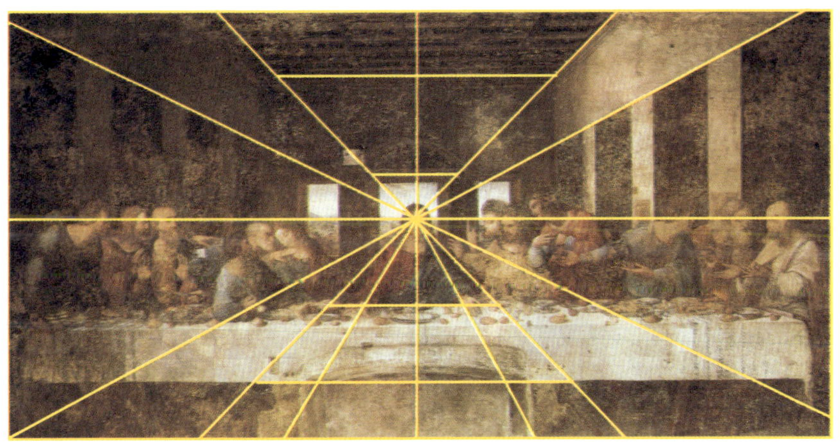

수의 눈이 오른쪽 아래를 향하고 있음과 일치합니다. 수직선을 중심으로 그림을 살펴보면 빛이 들어오는 세 개의 창 중 가운데 앉은 예수와 오른쪽 인물(도마)은 빛을 받고 있습니다. 하지만 왼쪽의 인물(요한)은 빛을 피하고 있지요.

이제 예수의 눈을 중심으로 가상적으로 몇 개의 직선을 더 그어 보세요. 예수의 눈은 바로 소실점이 됩니다. 따라서 예수의 얼굴이 이 그림의 중심이 되는 셈이죠. 죽음을 앞 둔 순간을 극대화하려 했을까요? 고독한 예수의 표정과 좌우에 제자들의 소란스런 모습이 대조적입니다. 이번에는 예수의 눈, 펼친 두 손의 끝을 세 꼭짓점으로 하여 선분으로 연결하면 삼각형이 얻어집니다. 이 삼각형의 두 변을 연장하여 같은 길이의 두 변을 긋고 가로로 선분을 그으면 꼭지점이 맞붙은 역삼각형이 그려집니다. 여기서 재미있는 상상을 해 보도록 할까요? 크기가 같은 역삼각형과 본래의 삼각형을 서로 겹쳐놓으면 어떻게 될까요? 놀랍게도 별이 만들어집니다. 본래 삼각형(산 모양 정삼각형)은 남성 또는 칼을 상징하고, 역삼각형(골짜기 모양 정삼각형)은 여성 또는 잔을 상징한다고 가정하면 둘의 결합은 결혼 또는 조화를 상징한다고 볼 수 있습니다. 두 도형의 조화로 만들어지는 도형을 보통 '다윗의 별'이라 부릅니다. 혹 이것이 다빈치가 숨겨 놓은 코드는 아닐까요?

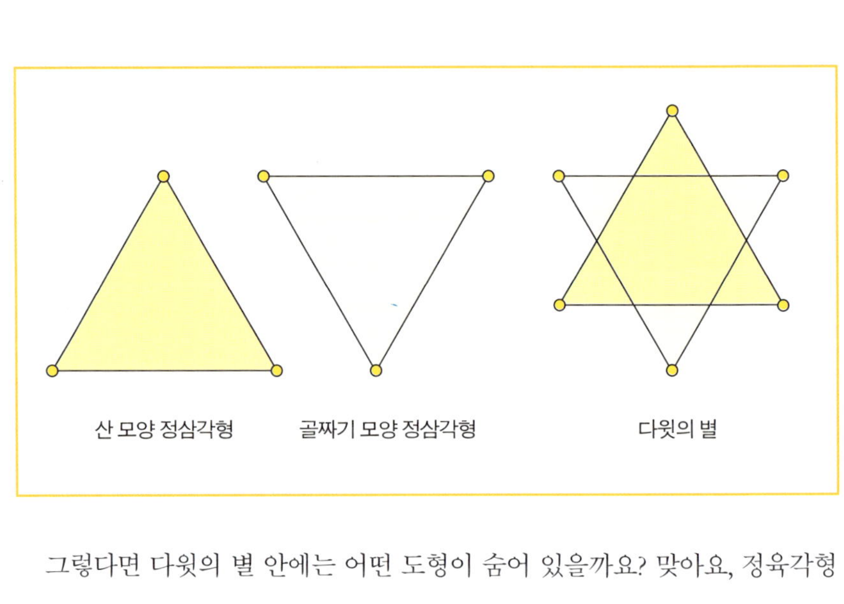

그렇다면 다윗의 별 안에는 어떤 도형이 숨어 있을까요? 맞아요, 정육각형이 숨어 있지요. 정육각형은 정삼각형 여섯 개로 구성되며 한 각의 크기가 120도인 도형입니다. 갑자기 정육각형을 왜 이야기하는지 궁금하시겠지만 설명을 더 듣다 보면 이해할 수 있을 겁니다. 다 빈치의 <최후의 만찬>에서 예수를 중심으로 그어진 수직선의 좌우에 배치된 제자의 수를 세어 보세요. 왼쪽에 제자 여섯 명이 있고, 오른쪽에 제자 여섯 명이 있습니다. 여섯 명의 제자들이 예수를 중심으로 좌우로 균형을 이루고 있는 것이지요. 예수의 좌우엔 요한과 도마의 모습이 보입니다. <최후의 만찬> 그림의 왼쪽 끝이나 오른쪽 끝에서 세어도 예수가 일곱번 째가 됩니다. 1부디 13까지의 사언수 중 가운데 수는 무엇일까요? 바로 7입니다. 제자들 사이에서 예수가 중심을 잡는 셈이지요. 우연의 일치일지 모르지만 신이 천지를 창조한 시간은 6일이었고 7일째 쉬었다는 상징적인 숫자들과 정확하게 일치합니다. 숫자 6에는 또 어떤 성질이 숨어 있을까요? 수학에서는 어떤 자연수가 자신을 제외한 약수들의 합으로 표시되면 '완전수'라고 불립니다. 6의 약수는 1, 2, 3, 6인데, 6을 빼고 1, 2, 3을 더하면 6이 됩니다. 따라서 6은 제일 작은 완전수입니다. 두 번째 완전수는 28입니다.

이런 방법으로 수에 의미를 부여하면서 심지어 '부족수', '과잉수'라는 용어까지 사용하게 되었지요. 어떤 자연수의 약수를 구했을 때, 약수의 합이 자신을 빼고 다른 약수들을 더했을 때 자신보다 작으면 '부족수', 자신보다 크면 '과잉수' 라고 불렀던 것입니다. 성경의 창세기편 대홍수에 등장하는 방주를 탄 노아의 가족 수는 8입니다. 8의 약수는 1, 2, 4, 8이므로 8을 뺀 약수를 모두 더하면 1+2+4=7이 됩니다. 그래서 8은 부족수가 되지요. 12의 약수는 1, 2, 3, 4, 6, 12이므로 12를 뺀 약수를 모두 더하면 1+2+3+4+6=16이 됩니다. 따라서 12는 과잉수인 셈입니다.

이렇듯 중세에는 수에 그럴 듯하지만 지나친 의미를 부여하기도 했습니다. 당시의 이런 관점을 받아들인다면 그림에 묘사된 여섯 번째 인물은 '완전한 제자' 요, 여덟 번째 인물은 '부족한 제자' 인 셈입니다. 그리고 12는 과잉수이므로 12명의 제자를 둔 예수는 '넘치는 제자들' 을 선택한 셈이지요. 이 12가 예수와 합쳐서 13이라는 숫자가 됩니다.

수학에서는 13은 소수입니다. 어떤 자연수의 약수가 1과 자기 자신뿐이면 그 수를 소수라고 합니다. 이론의 전개상 보통 1은 소수에서 제외시킵니다. 자연수 중에 어떤 수가 소수인지 한 번 찾아볼까요? 자연수를 1부터 차례로 나열해 보세요. 여기서 자기 자신과 1만을 약수로 갖는 수만 나열해 볼까요? 그러면 다음과 같은 수를 얻게 됩니다.

2, 3, 5, 7, 11, 13, 17, 19, ……

여기서 13이 여섯 번째 소수임을 알 수 있습니다. 하지만 13을 완전한 소수라고 보아야 할 근거는 없습니다. 또 세간에서 말하듯 13을 불길한 숫자로 보아야 할 근거 역시 부족합니다. 도리어 '13은 다른 수에 비해 더 의미 있는 수' 라고 주장하는 경우도 많습니다. 실험을 통해 13의 또 다른 의미를 살펴볼까요? 공간에 놓인 한 개의 공을 생각해 보세요. 이 공을 모두 둘러싸려면 같은 크기의 공 12개가 필요합니다. 이때 가운데 공을 예수, 둘러싼 공을 제자들이라고 가정하면 12개의 공이 가운데 공을 중심으로 연결되듯 예수를 중심으로 제자들이 한 덩어리로 뭉칠 수 있었던 거지요. 우연의 일치치고는 너무 신비롭지 않습니까? 수에 지나치게 의미를 부여하면 잘못된 해석을 낳기도 하지만 수에 신비주의를 걸면 이렇듯 놀라운 마법이 되고 맙니다. 수가 수학적 대상이 아닌 신성한 의미를 가진 신앙이 되어 버리는 순간이기 때문이지요.

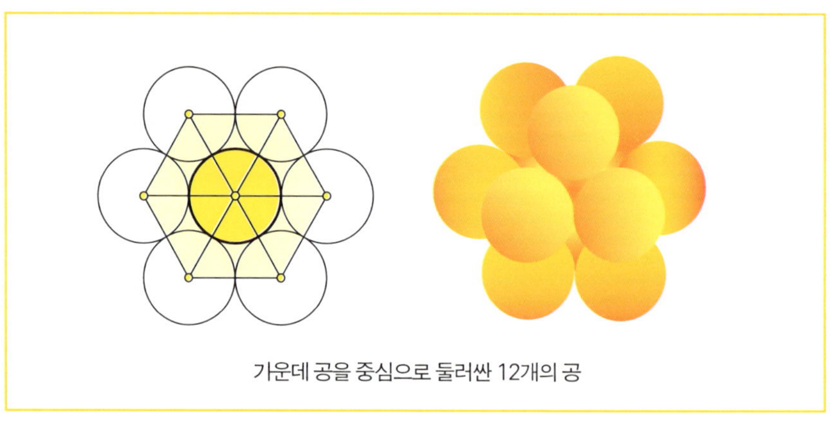

가운데 공을 중심으로 둘러싼 12개의 공

8. 레오나르도 다 빈치의 〈최후의 만찬〉에는 예수를 중심으로 하여 좌우에 여섯 명의 제자들이 배치되어 있지요. 숫자 6에 대해 생각해 봅시다. 6의 양의 약수는 1, 2, 3, 6인데 6을 뺀 나머지 수 1, 2, 3을 더하면 그 합은 6이 됩니다. 이처럼 어떤 자연수가 자신을 제외한 약수들의 합으로 표시되면 완전수라고 하지요. 따라서 6은 한 자리 자연수 중 제일 작은 완전수입니다. 자, 그렇다면 문제입니다. 두 자리 자연수 중에서 가장 작은 완전수는 무엇일까요?

☞ 해답 P. 236

바이덴은 당대 최고의 화가답게 치밀하게 인물들의 자세를 계산한 다음 화면에 배치했어요. 관객의 눈길을 화면의 중심으로 유도하기 위해 예수의 몸을 한가운데 놓았으며 슬퍼하는 사람들로 하여금 예수를 에워싸도록 했습니다. 또한 화면 양쪽에 서 있는 인물들의 팔과 다리를 꺾은 후 그 방향을 안으로 향하도록 그렸어요. 관객의 시선이 그림 밖으로 나가지 못하도록 하기 위해서입니다.

〈십자가에서 내려지는 예수〉에 숨겨진 오각형과 별의 의미는 무엇일까요?

로지에 반 데르 바이덴(Rogier van Weyden, 1464~1464) | 〈십자가에서 내려지는 예수〉 | 1435

수학자들도 질투를 느낄 만큼 수학에 능통한 화가들이 줄줄이 등장하고 있는데요. 이번에 소개할 화가도 수학계에 명함을 내밀어도 전혀 손색이 없을 만큼 막강한 수학실력을 자랑합니다.

그럼 15세기 최고의 걸작으로 손꼽히는 로지에 반 데르 바이덴의 〈십자가에서 내려지는 예수, 1435〉를 감상하면서 그의 수학 실력을 확인하겠어요. 로지에 반 데르 바이덴은 네덜란드 남부에서 활동했으며 큰 명성을 누렸다는 사실 이외에 거의 알려진 것이 없는 베일에 싸인 화가입니다. 그러나 지금 감상할 대형 제단화가 너무 유명해진 덕분에 15세기 대가로 인정받고 있어요.

이 그림은 처형당한 예수가 십자가에서 내려지는 처절한 장면을 감동적으로 묘사한 것입니다. 그림에는 예수와 성모, 성자와 막달라 마리아를 포함한 10명의 인물들이 등장하고 있어요. 이들은 십자가형을 받은 예수를 십자가에서 내리며 그리스도의 죽음을 애통해 합니다. 푸른 옷의 성모는 슬픔을 이기지 못해 실신했으며 성모를 부축하는 막달라 마리아 역시 충격을 받아 거의 기절 직전입니다.

그런데 성모의 자세와 상태를 보세요. 십자가에서 내려지는 예수와 몸짓이 같을 뿐 아니라 죽은 예수처럼 의식을 잃었어요. 이는 두 사람이 고통과 기쁨을 함께 나누는 모자지간임을 알리기 위해서입니다. 바이덴은 당대 최고의 화가답게 치밀하게 인물들의 자세를 계산한 다음 화면에 배치했어요. 관객의 눈길을 화면의 중심으로 유도하기 위해 예수의 몸을 한가운데 놓았으며 슬퍼하는 사람들로 하여금 예수를 에워싸도록 했습니다. 또한 화면 양쪽에 서 있는 인물들의 팔과 다리를 꺾은 후 그 방향을 안으로 향하도록 그렸어요. 관객의 시선이 그림 밖으로 나가지 못하도록 하기 위해서입니다. 그뿐이 아닙니다. 나른 사람들은 모두 옷을 입었지만 예수는 알몸입니다. 그리스도가 아무런 죄도 없이 처형당한 희생양임을 강조하는 것이지요. 십자가를 검은색으로 칠한 것도 창백한 예수의 나체를 드러내기 위해서입니다.

바이덴은 정교하고 세밀한 표현이 특징인 북 유럽 출신 화가답게 너무도 사실적으로 인물을 묘사했습니다. 얼마나 치밀하게 세부를 묘사했던지 눈물방울, 머리터럭 하나도 놓치지 않았어요. 나란히 늘어뜨린 성모자의 손을 보세요. 실제보다 더 실제처럼 느껴집니다. 바이덴의 위대함은 손을 실감나게 묘사한 것에 그치지 않아요. 성모자의 손에 보다 많은 의미를 담았어요. 아들을 향한 성모의 사랑과 슬픔, 그리스도의 결백과 고통, 부당한 희생을 손에 표현한 것이지요. 이처럼 그림에서 손을 표현하는 것은 무척 중요합니다. 손은 말과 표정보다 더 강하게 감정을 전달하는 수단이기 때문입니다.

바이덴이 그린 그리스도의 십자가 하강 장면은 흡사 연극이 펼쳐지는 무대를 보는 것 같아요. 황금색 틀 속에 갇힌 인물들은 각각 주연과 조연의 역할을 100%로 소화한 일급 배우들처럼 보입니다. 화가는 왜 비통한 그리스도의 죽음을 한 편의 드라마처럼 극적으로 연출했을까요? 당시 그림은 신도들에게 문자와 같은 역할을 했기 때문입니다. 그림이 그려진 시대는 극소수의 지식인들과 상류층만이 글을 읽고 쓰던 시대였어요. 대부분의 사람들은 문맹이었으며 교회는 성경을 읽을 능력이 없는 신도들에게 성서의 내용을 보다 효과적으로 전달하기 위해 그림을 활용했습니다. 주문 그림으로 생계를 유지했던 화가들은 강렬한 신앙심이 우러나오도록 갖은 노력을 기울여야 했습니다. 실제보다 더 실감나는 묘사와 기법으로 신자들을 감동시켜야만 대가의 대접을 받던 시절이었으니까요.

이 그림은 수학적인 관점에서 볼 때도 매우 흥미를 주는 작품으로 알려져 있는데요. 이에 대한 선생님의 견해가 궁금합니다.

제일 먼저 사람들의 위치관계인데 중앙부의 예수와 성모의 자세가 매우 닮아있습니다. 마치 예수를 성모가 있는 위치까지 끌어내려 포개어 놓으면 서로 포개질 것 같은 생각이 드는군요. 이는 수학에서 얘기하는 평행이동의 개념입니다. 그런데 단순한 평행이동이 아니지요. 어머니와 아들, 남자와 여자, 옷을 입은 모습과 벗은 모습의 관계에서 파악하면 다른 대상들의 평행이동인 셈이지요.

그럼 좀 더 수학적으로 생각해 볼까요? 이 그림에는 눈에 보이는 도형과 숨겨진 도형이 있습니다. 눈에 보이는 도형은 바로 정사각형 모양처럼 보이는 직사각형들입니다. 혹 십자가의 T자처럼 보이는 부분에 그려진 사각형이 정사각형처럼 보이나요? 하지만 길이를 재 보면 이 도형은 직사각형임을 알 수 있습니다. 그 아래에 위치한 도형 역시 두 개의 직사각형을 서로 붙여 놓아 만들어진 것입니다. 직사각형의 세로의 길이를 기준으로 양쪽 직사각형에 세로의 길이와 같은 길이만큼 가로의 길이를 더 그어 정사각형 두 개를 만들어 볼까요? 어때요, 두 개의 큰 정사각형은 서로 겹쳐지게 되지요. 그럼 이번에는 두

개의 정사각형에 내접하는 원을 그려 보세요. 두 개의 원이 만나는 두 교점을 선으로 연결하면 바로 십자가의 세로 중심선과 일치하게 됩니다. 이때 두 개의 원이 만났을 때 생기는 두 교점 중 윗부분에 위치한 교점을 중심으로 아까 그렸던 원과 동일한 크기의 원을 그려 보세요. 어때요? 예수를 중심으로 세 개의 원이 서로 조화를 이루고 있음을 발견할 수 있지요. 이 같은 세 원의 조화는 종교적으로 삼위일체(성부, 성자, 성령의 조화)를 상징하는지도 모릅니다.

이제 컴퍼스를 이용해 가장 윗부분의 원에 내접하는 정오각형을 그려 보세요. 같은 방법으로 아래 두 원에 내접하는 정오각형 두 개를 더 그리면 세 개의 정오각형 모습을 그림 속에서 발견할 수 있게 됩니다. 이 정오각형 속에 바로 인간이 자연에서 발견한 가장 아름다운 비율인 황금비가 담겨 있어요. 동양이나 서양이나 세상에 존재하는 많은 꽃들 중 꽃잎이 다섯 개인 경우가 참 많습니다. 특히 꽃의 중심에서 각 꽃잎이 이루는 각도가 같을 때 매우 조화롭고 아

름답게 느껴지지요. 이렇듯 많은 꽃들은 자연이 선사한 황금비를 고스란히 담은 정오각형에서 그 아름다움을 뽐내고 있었던 것입니다.

그럼 이번에는 정오각형의 꽃잎을 가진 봄철의 진달래나 벚꽃의 뒷면을 살펴볼까요? 선명한 별 모양을 볼 수 있지요. 왜 갑자기 정오각형에서 별 모양을 이야기하는지 궁금해 하시겠지만 이어지는 설명을 들으시면 이해가 가실 겁니다.

그림과 같이 정오각형 ABCDE의 꼭지점 A와 C, A와 D, B와 D, B와 E, C와 E를 선분으로 연결해 보세요. 모두 다섯 개의 대각선이 얻어지고 이 대각선들에 의해 별 모양이 만들어집니다. 신기하게도 별 안에 또 다른 작은 정오각형을 만들 수 있어요. 만약 이 작은 정오각형 안에 대각선을 그으면 어떻게 될까요? 맞아요. 그림처럼 더 작은 별 모양이 만들어지며 그 안에 더 작은 정오각형이 만들어집니다. 이처럼 정오각형은 대각선을 이용하면 자기복제가 가능한 도형이 되는 셈이지요. 그래서 신비로움의 대상으로 수를 바라보는 수학자들은 숫자 5를 '생명의 수'라 부르기도 합니다. 혹 다섯 개의 꽃잎을 가진 꽃들이 아름다운 이유도 '생명의 수'라는 신비를 소중히 간직하고 있기 때문은 아닐까요?

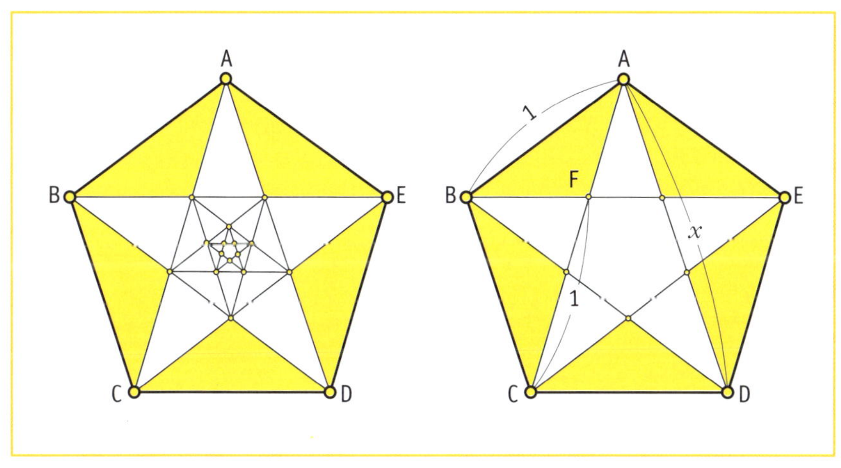

이번엔 정오각형의 한 변의 길이와 대각선의 길이의 관계에 대해 살펴보도록 하겠어요. 두 대각선 AC와 BE의 교점을 F라 하면, 두 삼각형 ABC와 BFA는 서로 닮은 이등변삼각형이 됩니다. 정오각형의 한 변의 길이를 1, 대각선의 길이를 x라 하면 선분 AB, BC, CF의 길이는 모두 1이고 선분 BF, FA는 모두 $x-1$입니다. 두 삼각형 ABC와 BFA가 서로 닮은꼴이므로 비례관계에 의해 $1 : x = (x-1) : 1$이 성립합니다. 이때 x값은 이차방정식 $x^2 - x - 1 = 0$을 풀면 얻어집니다. 여기서 x는 양수이므로 $x = \dfrac{1+\sqrt{5}}{2}$가 되겠지요. 이 값을 소수점 아래 셋째자리까지 나타내면 약 1.618이 됩니다. 따라서 정오각형의 한 변의 길이와 그 대각선의 길이의 비는 약 1:1.618인 셈이지요. 이 같은 비율은 그리스의 파르테논 신전, 부석사의 무량수전과 같은 건축물이나 아름다운 예술 작품 등에서 동서고금을 막론하고 자주 사용되었습니다. 따지고 보면 너무도 아름답고 소중한 1:1.618 비율을 '황금비' 또는 '황금비율'이라 부르는 것은 어쩌면 너무나 당연한 일일지도 모르겠어요.

이제 숫자 5의 비밀과 황금비가 무엇인지 알게 되었으니 바이덴의 <십자가에서 내려지는 예수>를 감상하는 기분도 많이 달라졌을 것 같아요. 이렇듯 그림 속에 세 개의 원으로 종교적인 의미를 구현하고, 숫자 5를 활용하여 자연의 생명력을 작품에 담아낸 바이덴은 탁월한 수학적 안목을 소유한 화가였음에 틀림없어요. 지금까지 아름다움이 수학의 힘을 빌려 종교적 힘으로 승화하는 현장을 직접 목격했어요. 과연 그렇다면 예술이 위대한 것일까요? 수학이 위대한 것일까요?

9. 바이덴의 〈십자가에서 내려지는 예수〉는 숨은 세 개의 정오각형이 조화를 이루어 매우 인상적인 화면을 보여 주었습니다. 이제 정오각형의 신비를 퀴즈로 느껴 보도록 하지요. 다음과 같은 정오각형 모양의 파이를 삼각형 모양으로 나누어 자르려고 합니다. 몇 가지의 방법으로 나눌 수 있을까요?

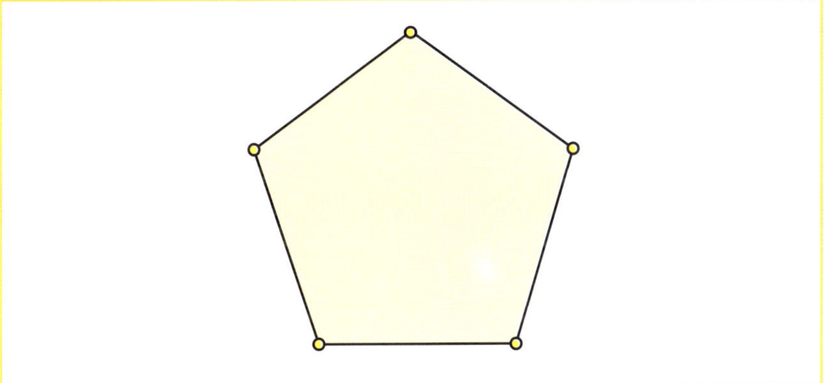

☞ 해답 P. 237

클레는 두 눈을 좌우대칭이 되게 하면서 약간 어긋나게 배치했어요. 그리고 그림 왼쪽 눈꺼풀은 삼각형을, 오른쪽 눈꺼풀은 포물선을 그어 볼록하고 오목한 느낌을 연출했습니다. 어디 그뿐인가요? 작은 사각형의 입술을 대각선에 배치해 화면에 생동감을 주었어요. 그는 도형들과 선, 색채를 절묘하게 배치해 유머러스하고 풍자적인 어릿광대의 얼굴을 창조한 것이지요.

〈세네치오〉에 담긴 도형들의 부피관계는 무엇일까요?

르네상스 명화들을 연달아 감상하면서 혹 르네상스 화가들만 수학을 중요하게 여겼던 것은 아닐까 생각할 수 있겠어요. 그러나 현대화가들도 수학에 아주 관심이 많답니다. 화가들은 그림을 그릴 때 본능적으로 대칭과 균형, 통일성, 반복 등 수학적 요소를 염두에 두기 때문이지요.

현대화가들이 수학을 얼마만큼 중요하게 여겼는지는 20세기 현대미술의 선구자로 평가받는 파울 클레의 〈세네치오, 1922〉를 보면 확인할 수 있어요. 클레는 뛰어난 지적 소유자였으며, 미술과 수학을 접목하기 위해 부단한 노력을 기울였습니다.

그는 너무도 수학을 좋아했어요. '회화의 기본 요소는 선과 색면, 공간이다. 이는 화가의 내면에서 용솟음치는 에너지에 의해 움직인다.'고 공언할 정도였으니까요. 그가 얼마나 수학에 푹 빠졌으면 '클레는 선과 더불어 산책한다.'는 말까지 나왔을까요?

이 그림을 보면 클레가 수학과 열애 중이라는 얘기가 빈말이 아니라는 사실을 알 수 있어요. 화면을 가득 채운 초상화가 보여요. 그런데 초상화인 것은 금방 알 수 있지만 우리가 흔히 대하는 초상화는 아닙니다. 기하학으로 이뤄진 신종 인물화입니다. 인물은 크게 얼굴과 목, 어깨, 세 부분으로 나누어져 있어요. 마치 어린아이 그림처럼 단순하게 보입니다. 이처럼 한없이 천진하게 보이는 것이 바로 클레 그림의 특징입니다. 그럼 클레가 각종 도형을 활용해 어떻게 그만의 독특한 인물화를 창조했는지 살펴보겠어요.

먼저 얼굴입니다. 두 개의 수평선과 한 개의 수직선이 커다란 원형의 얼굴을 가릅니다. 위쪽 수평선은 두 눈을, 아래쪽 수평선은 입을 지나고 있어요. 빨갛고 동그란 눈동자가 위쪽 수평선 양쪽에 자리잡고 있으며 아래 수평선 가운데 작고 검은 빛깔의 사각형 입술이 자리잡고 있습니다. 덕분에 화들짝 놀라 동그랗게 눈을 뜨고 입술을 작게 오므린 익살스런 표정이 나타나게 되었어요.

한편 수직선은 화면 한가운데를 지나며 얼굴을 양분하고 있어요. 이 수직선은 클레의 천재성을 증명하고 있어요. 클레는 수직선을 그으면서 기교를 부렸습니다. 단숨에 내리긋던 수직선을 양미간 사이에서 주춤하게 만들더니 오른쪽 눈 쪽으로 살짝 꺾은 후 입술까지 그은 것이지요. 그런 정교한 연출 때문에 콧날이 서면서 코가 입체적으로 보이게 되었어요.

다음은 목입니다. 사각형의 가느다란 목이 커다란 얼굴과 넓은 어깨 사이를 다리처럼 이어주고 있어요. 비록 가는 목이지만 든든한 사각형으로 이루어져 있어 얼굴과 어깨의 균형을 잡아 주는데 별 무리가 없을 것 같아요. 한편 어깨는 수평선처럼 드넓게 자리잡고 있어요. 크고 둥근 얼굴과의 조화를 계산한 것이지요.

이런 치밀한 계획은 두 눈과 입술에서도 확인할 수 있어요. 클레는 두 눈을 좌우대칭이 되게 하면서 약간 어긋나게 배치했어요. 그리고 그림 왼쪽 눈꺼풀은 삼각형을, 오른쪽 눈꺼풀은 포물선을 그어 볼록하고 오목한 느낌을 연출했습니다. 어디 그뿐인가요? 작은 사각형의 입술을 대각선에 배치해 화면에 생동감을 주었어요. 그는 도형들과 선, 색채를 절묘하게 배치해 유머러스하고 풍자적인 어릿광대의 얼굴을 창조한 것이지요.

이 그림은 클레의 최고 걸작으로 손꼽히는 작품이며 그의 자화상으로 알려져 있어요. 제목인 '세네치오'는 아스트라체(Astracea)과에 속하는 식물의 속명입니다. 노란색의 이 꽃은 부드러운 털이 있어 일명 '노인네 수염'으로 불려요. 클레가 자화상에 '세네치오'라는 이름을 붙인 것은 그가 그림을 그릴 당시 근사한 턱수염을 길렀기 때문이지요. 클레는 자연스럽게 턱수염과 세네치오의 털을 연결시키면서 자신과 식물이 비슷하다고 생각한 것이지요.

클레는 눈에 보이는 세계보다 인간과 자연의 본질을 들여다보고 자신이 경험한 내면의 세계를 그리려고 노력했던 화가입니다. 이런 그의 바람은 '미술은 자연에서 발견되는 사물들을 피상적으로 모방하는 것이 아니라 그것들이 형성된 과정을 추적해서 기본적인 형태들을 밝혀내는 것'이라고 주장한 것에도 잘 드러나 있어요.

이 그림은 사물의 배면을 들여다보고, 인간의 본질을 치열하게 탐구하고 싶은 그의 갈망이 담겨 있어요. <세네치오>는 미술과 수학이 추구하는 것은 본질적인 아름다움이라는 것을 보여줍니다. 그래서 그의 그림을 가리켜 '지적인 요정의 나라', 혹은 '수학과 미술의 행복한 결합'으로 부르는 것입니다.

수학과 결혼하고 수학과 산책한 화가 클레! 그래서 선생님께서 다른 화가들보다 특별히 더 애착을 느끼실 것 같은데요, 클레의 그림을 보면서 어떤 수학 이야기를 떠올리셨는지요?

그래서인지 작품에 원, 원의 일부인 두 개의 호로 이루어진 곡선, 수직으로

만나는 두 직선, 정사각형, 직사각형, 원뿔 등과 같은 수학적인 도형이 자주 등장하지요. 도형을 다루고 있다는 점에서 수학의 한 분야인 기하학을 떠올리게 되는군요.

또한 사람의 얼굴과 목 부위를 수학적 도형으로 표현하고 있고 특히 코를 중심으로 한 좌표개념, 좌우 대칭축을 기준으로 비대칭을 구현하고 있습니다. 입의 위치에서 가로 방향과 세로 방향으로 직선으로 그어 보세요. 두 직선에 의해 입에서 직각으로 만나 그림이 네 개의 영역으로 나누어집니다. 오른쪽 윗부분부터 시계 반대방향으로 제 1사분면, 제 2사분면, 제 3사분면, 제 4사분면이라고 각각 이름을 붙여 살펴보겠습니다. 제 3사분면과 제 4사분면에 해당하는 그림은 세로선을 기준으로 비교하면 대칭에 가까운 비대칭이지요. 그리고 눈, 입, 목 부분에서 보이는 도형들은 수학적 개념인 점대칭을 생각나게 합니다.

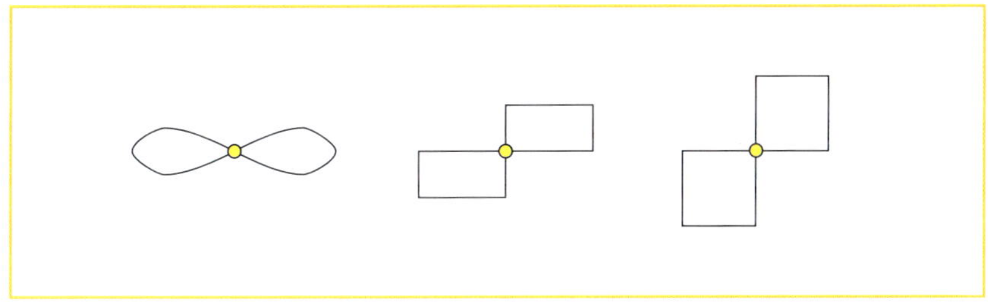

자, 제 1사분면과 제 2사분면에 눈을 돌려 볼까요. 그림 오른쪽 눈은 졸린 듯 아래로 처져 있고 왼쪽 눈은 졸린 눈을 치켜 뜨듯 올라가 있습니다. 이런 느낌을 주기 위해 왼쪽 눈엔 원뿔 모양을 연상시키는 도형으로, 오른쪽 눈엔 반구(공의 반쪽)를 연상시키는 도형으로 표현하고 있습니다. 또 눈의 높낮이를 조절하여 오른쪽 눈을 아래쪽에, 왼쪽 눈은 위쪽에 그려 넣고 있어요. 오른쪽 눈과 왼쪽 눈이 크기와 길이가 약간 다르지만 세로의 중심선을 기준으로 살펴보면 좌우균형을 이루고 있습니다.

원뿔 모양이 차지하는 공간이 반구 모양이 차지하는 공간보다 더 넓어 보이

는데 그렇다면 수학적으로도 반구보다 원뿔이 차지하는 공간이 더 넓을까요? 반지름이 같은 원뿔과 반구의 부피를 가지고 비교해 보도록 하지요.

먼저 실험을 통해 살펴보겠습니다. 높이가 밑면 반지름의 두 배인 원기둥 모양의 그릇을 만들어 물을 가득 채우고 원기둥 밑면 반지름과 같은 구를 물이 가득 찬 원기둥의 바닥에 닿을 때까지 넣었다가 조심스럽게 빼내세요. 원기둥에는 얼마만큼의 물이 남았을까요? 원기둥 밖으로 구의 부피만큼 물이 빠져나가고 원기둥 안에는 원기둥의 부피의 3분의 1에 해당하는 물이 남습니다. 결국 구의 부피는 원기둥 부피의 3분의 2인 셈이죠. 반구는 구의 절반이므로 반

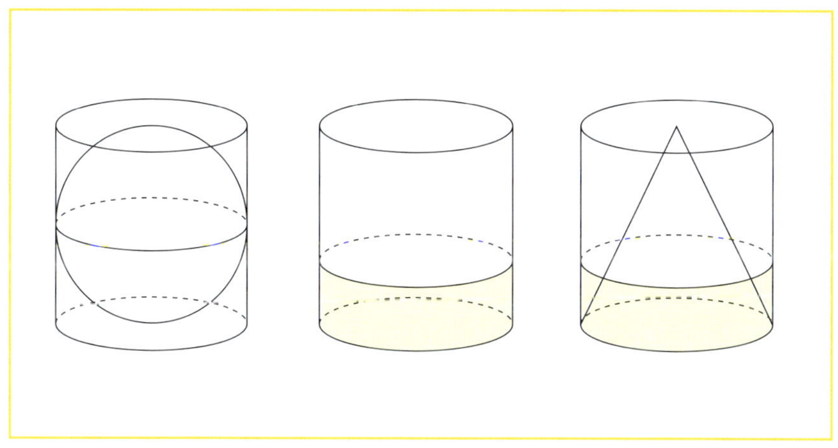

구의 부피는 원기둥 부피의 3분의 1이 됩니다.

　이번에는 원기둥의 밑면과 반지름이 같고 원기둥의 높이와 같은 높이를 갖는 원뿔을 만들어 물이 가득 찬 원기둥 안에 원뿔을 바닥에 닿을 때까지 넣었다가 조심스럽게 빼내 보세요. 원기둥에는 얼마만큼의 물이 남을까요? 원기둥 밖으로 원뿔의 부피만큼 물이 빠져나가고 원기둥 안에는 원기둥의 부피의 3분의 2에 해당하는 물이 남습니다. 결국 원뿔의 부피는 원기둥 부피의 3분의 1인 셈입니다. 그러니까 원뿔과 반구의 부피는 같게 되는 것이지요.

　이번에는 수식으로 부피 관계를 확인해 볼까요? 반지름의 길이가 r이고 높이가 $2r$인 원뿔의 부피를 C, 반지름의 길이가 r인 반구의 부피를 S라고 하면

$$C = \frac{1}{3} \times \pi \times r^2 \times 2r = \frac{2}{3}\pi r^3$$
$$S = \frac{1}{2} \times \frac{4}{3} \times \pi \times r^3 = \frac{2}{3}\pi r^3$$

이므로 $C = S$ 즉, 원뿔의 부피와 반구의 부피는 같게 됩니다.

　이처럼 클레는 수학적으로 같은 부피의 반구와 원뿔을 그림에 대칭적으로 사용하면서도 시각적인 도형의 효과를 절묘하게 이용하여 그림에 생명력을

불어넣었습니다. 수학적 지식을 그림에 교묘하게 활용하면서 시각적으로 거슬림 없는 조화를 이루어 낸 클레에게 큰 박수를 보내고 싶군요.

10. 아래 그림과 같이 반지름의 길이가 같은 원뿔, 구, 원기둥이 있습니다. 원뿔의 부피를 A, 구의 부피를 B, 원기둥의 부피를 C라 할 때 세 입체도형의 부피의 비 A : B : C는 어떻게 될까요?

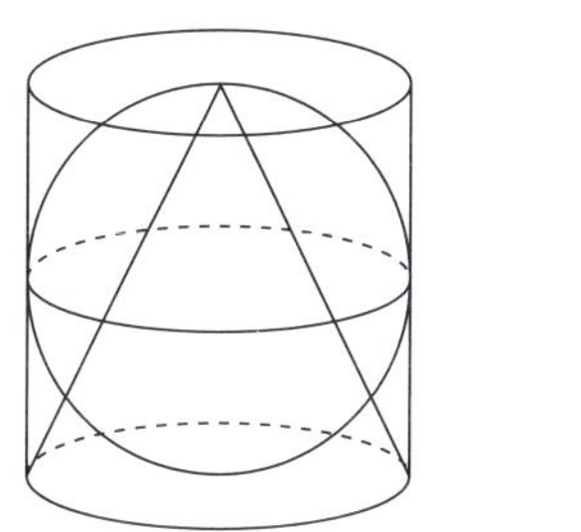

☞ 해답 P. 237

과연 시간은 쇠처럼 단단한 것일까요? 시간도 마음먹기에 따라서 고무줄처럼 줄어들기도, 늘어나기도 하지 않나요? 즐거울 때의 10분은 지루할 때의 한 시간과 맞먹습니다. 달리는 같은 시간도 이처럼 처한 상황에 따라 길게, 혹은 짧게 느껴진다는 것을 깨닫고 가장 단단하고 기계적인 사물로 인식된 시계를 부드럽고 늘어진 형태로 바꾼 것입니다.

<기억의 고집>에 등장하는 시계의 의미는?

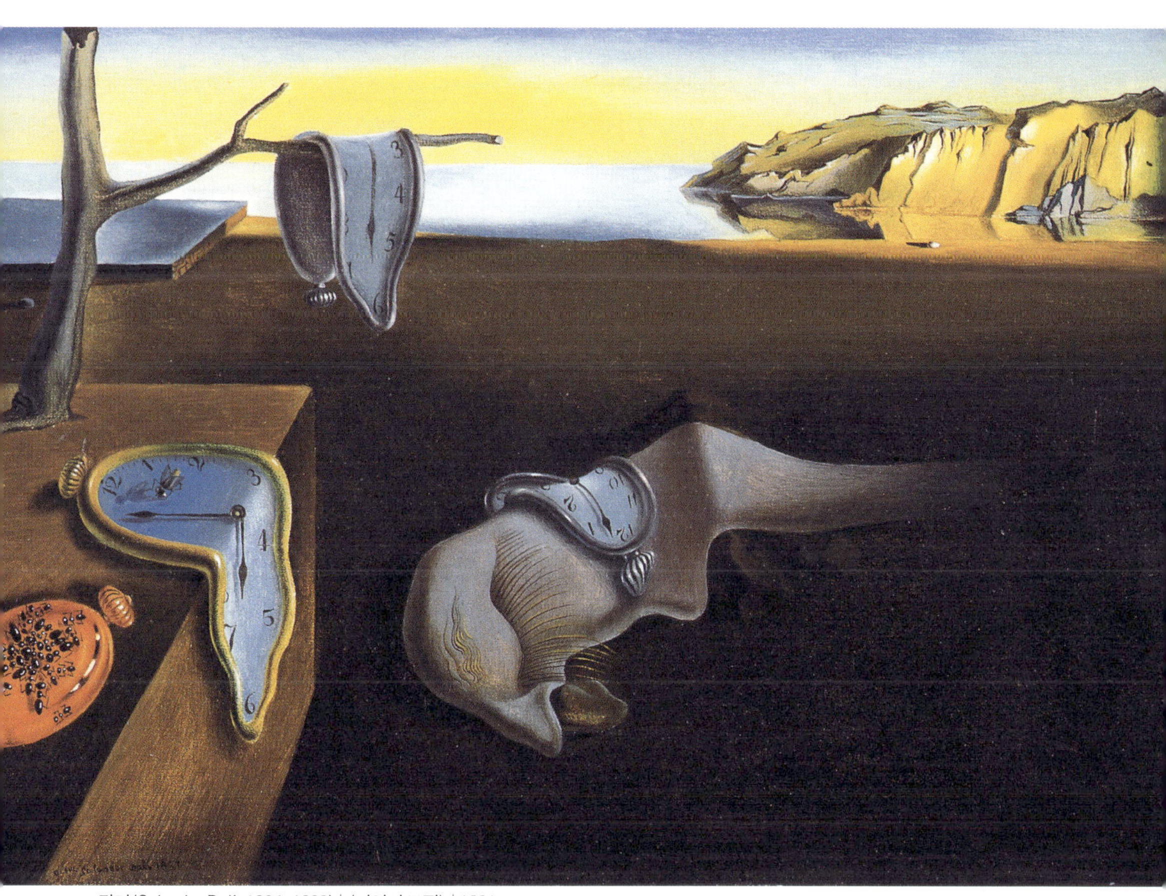

달리(Salvador Dali, 1904~1989) | 〈기억의 고집〉 | 1931

클레는 평면도형만으로도 초상화를 그릴 수 있다는 사실을 증명했어요. 이처럼 화가들은 일반인들은 엄두조차 낼 수 없는 기발한 발상을 합니다. 이번에 소개할 화가 역시 귀신도 탄복할 만큼 엄청난 상상력을 자랑합니다.

자, 그럼 초현실주의 화가 '달리'의 〈기억의 고집, 1931〉을 감상하겠어요. 달리는 괴짜요, 천재로 명성이 자자한 화가예요.

워낙 엉뚱하고 기발한 행동을 일삼아 평소 미술에 문외한인 사람들도 달리의 이름을 기억하고 있을 정도입니다. 만일 달리가 없었다면 우리가 초현실주의 미술을 이해하는데 많은 어려움을 겪었을 거예요. 다시 말해 달리는 '초현실주의 미술의 홍보대사' 역할을 했던 셈이지요. 그런 그의 명성을 높이는데 결정적인 역할을 한 작품이 바로 〈기억의 고집〉이라는 그림입니다. 화면에 등장한 혓바닥처럼 축 늘어진 시계는 '달리표' 시계로 불릴 만큼 인기가 높습니다. 치즈처럼 물렁한 달리의 시계는 관객들에게 신선한 충격을 줍니다. 그의 시계가 그토록 아낌없는 사랑을 받은 것은 상식에 도전하는 예술가의 전형적인 모습을 보여주고 있기 때문이지요. 그럼 그림을 살펴볼까요?

수정처럼 맑은 하늘 아래 하늘만큼 푸른 바다가 보입니다. 화면 위 오른편에 먼 우주의 행성에서나 볼 수 있을 것 같은 날카롭게 깎여진 절벽이 자리하고 있어요. 화면을 가득 채운 해변은 바닷가이기보다 삭막한 사막처럼 느껴집니다. 화면 왼쪽에 난데없는 탁자가 놓여 있으며 그 탁자 위에 치즈처럼 물렁한 시계가 걸쳐져 있습니다. 그뿐인가요? 탁자를 뚫고 솟은 나뭇가지에도 시계가 늘어져 있어요. 화면 중앙에 사람의 얼굴을 연상시키는 이상한 형체에도 시계가 걸쳐 있습니다. 그림 속 풍경은 전혀 현실감이 느껴지지 않아요. 마치 꿈에서 본 풍경과 같습니다. 실제로 달리는 꿈을 사진처럼 정확히 화폭에 재현하고 싶은 야망을 품고 이 그림을 그렸어요. 그런데 그는 왜 시계를 이처럼 흐늘거리는 생물체로 묘사한 것일까요? 달리는 시계에 관한 고정관념을 깨고 싶었던 것입니다.

'시간을 칼처럼 지켜라.'는 말이 있습니다. 우리는 늘 시간에 쫓기면서 시간을 어기지 않으려고 엄청난 노력을 기울입니다. 만일 약속을 지키지 않으면 상대방으로부터 신뢰성이 없는 사람으로 낙인찍히고 많은 손해를 감수해야 합니다. 그래서 사람들은 시계나, 시간을 단단한 것, 견고한 것이라는 선입견을 갖게 됩니다. 그러나 상상력의 대가인 달리는 시간이 딱딱하다는 고정관념을 탈피하고 싶었어요. 시간의 노예가 되어 살아가는 사람들에게 시간도 부드러울 수 있다는 것을 알리고 싶었습니다. 생각해 보세요. 과연 시간은 쇠처럼 단단한 것일까요? 시간도 마음먹기에 따라서 고무줄처럼 줄어들기도, 늘어나기도 하지 않나요? 즐거울 때의 10분은 지루할 때의 한 시간과 맞먹습니다. 달리는 같은 시간도 이처럼 처한 상황에 따라 길게, 혹은 짧게 느껴진다는 것을 깨닫고 가장 단단하고 기계적인 사물로 인식된 시계를 부드럽고 늘어진 형태로 바꾼 것입니다.

견고한 사물을 유연하게 바꾸고 싶은 그의 열망을 반영한 것일까요? 달리의 다른 그림에서도 치즈처럼 물렁물렁한 형상이 자주 등장합니다. 그는 틀에 박힌 인간의 선입견을 자유롭게 반죽해 발상을 전환시키는 꿈의 마술사였습니다. 달리의 자서전에는 이 그림에 관한 흥미로운 일화가 적혀 있어요. 달리의 육성을 통해 직접 들어보시길 바랍니다.

'예술가를 압박하는 현실은 하나의 소라게처럼 나를 딱딱하게 만들었다. 따라서 나를 철옹성으로 부르는 사람도 있었다. 그러나 정작 나의 내면은 조갯

살처럼 물렁한 상태로 늙어가고 있었다. 그런 상태가 이어지던 어느 날 나는 시계를 그리기로 결심했다. <기억의 고집>은 몸이 몹시 피곤한 날 밤에 탄생했다. 그날 나는 끔찍한 두통에 시달리고 있었다. 아내와 친구들은 모두 극장에 가고 나 홀로 집에 남아 있었다. 그 순간 문득 내 머릿속에 녹아 내리는 치즈의 영상이 떠올랐다. 치즈의 이미지는 흡반처럼 내 머릿속에 눌러 붙어 좀처럼 떠나지 않았다. 나는 치즈에 관한 강박관념에 쫓긴 채 작업실로 들어섰다. 그곳에는 작업이 풀리지 않아 내팽개쳐 둔 그림이 있었다. 그림을 다시 시작하려고 했으나 좀처럼 아이디어가 떠오르지 않았다. 끙끙대며 애를 쓰다 지쳐 불을 끄고 작업실을 나가려는 순간 번뜩 영감이 떠올랐다. 그림 위에 흐늘거리는 두 개의 시계가 환각처럼 겹친 것이다. 단숨에 작업에 착수해 두 시간 후에 그림을 완성했다. 극장에서 돌아온 아내 갈라가 그림을 보고 감탄한 나머지 이렇게 외쳤다. '누구라도 이 그림을 보면 절대로 잊을 수 없을 거예요.''

이런 에피소드에도 나타나 있듯 달리는 인간들이 사물을 보는 방식에 관해 의문을 던지고 있어요. 피도 눈물도 없어 보이는 사람이 내심은 한없이 연약한 반면, 샌님처럼 얌전해 보이는 사람은 거칠고 냉혹한 마음의 소유자인 것을 우리는 흔히 경험합니다. 이렇듯 사물의 이중성을 드러내기 위해 달리는 시계를 연체동물처럼 흐물거리게 그린 것입니다.

시간의 개념은 미술 뿐 아니라 수학적으로도 많은 이야기가 나올 것 같아요. 선생님의 눈에 비친 달리의 시계는 어떤 모습일까 궁금합니다.

　　모래시계가 상하(직선)개념의 시간 표현이었다면 오늘날의 일반적인 시계는 원운동 개념의 시간 표현이라 할 수 있습니다. 시계와 관련하여 한 가지 재미있는 사실을 발견할 수 있는데요, 그것은 동양이나 서양이나 시간을 12등분으로 표현했다는 점이지요. 12가 상징하는 것은 서양에서는 12개의 별자리, 동양에서는 12지신과 관련이 있는데 여기서는 동양의 12지신을 좀 더 자세히 살펴보기로 하겠이요.

　　하루를 원으로 표현하고 원둘레를 24등분하여 시계방향으로 차례로 1부터 24까지 번호를 붙여 보세요. 24부터 2씩 건너뛰어 자(쥐), 축(소), 인(호랑이), 묘(토끼), 진(용), 사(뱀), 오(말), 미(양), 신(원숭이), 유(닭), 술(개), 해(돼지)를 차례로 써 넣고 뒤에 시를 붙여 읽으면 옛날 우리 조상들이 사용했던 시각이 됩니다. 예를 들어 자시로부터 시작하여 다시 자시가 되면 하루가 지난 셈이지요. 밤 12시는 자시(밤 11시부터 새벽 1시까지)의 바로 중간에 해당하

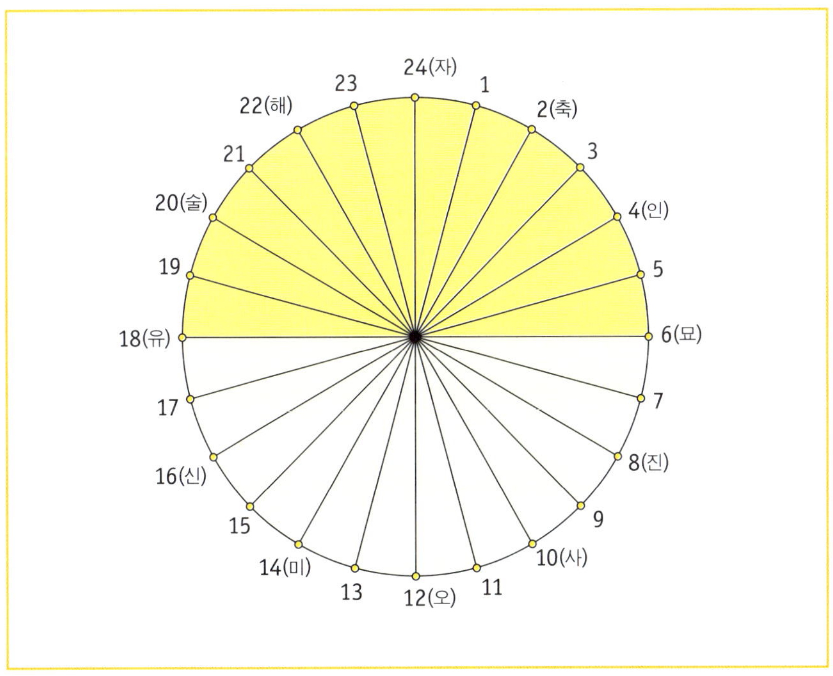

므로 자정(子正)이며, 낮 12시는 오시(낮 11시부터 낮 1시까지)의 바로 중간이므로 정오(正午)인 셈이죠. 오전(午前)이란 오시 이전의 시간을 말하고, 오후(午後)란 오시 이후의 시간을 말합니다.

다시 달리의 시계로 시선을 돌려 보겠어요. 정상적인 시계라면 12등분된 계기판 위에서 시계바늘이 일정하게 돌고 있겠지만 달리의 시계는 축 늘어진 데다가 탁자 위에 꺾여 있으니 시간 간격이 일정하지 않을 것이라 생각됩니다. 달리의 시계처럼 시간이 일정하게 흘러가지 않는다면 상황에 따라 시간은 빨리 지나가는 것처럼 여겨지거나 혹은 늦게 지나가는 것처럼 느껴지기도 하겠지요. 이런 점은 마치 아인슈타인의 상대적 시간 개념을 연상시킵니다. 편의상 인간이 밤낮으로 시간을 각각 12등분한 것일 뿐 원래 시간은 분할할 수 없는 양이지요. 왜냐하면 시간은 연속적인 양이기 때문이에요. 따라서 달리의 시계처럼 시간을 표현해 버리면 시간이 가지는 본래의 특성이 살아나게 되는 것입니다. 혹 달리는 축 늘어진 시계를 통해 원래 시간이 갖는 의미로 돌아가고 싶어하지는 않았을까요?

11. 달리의 〈기억의 고집〉에는 네 개의 원형시계가 등장합니다. 이 시계들은 어느 것이나 12등분하여 시간을 표시하고 있습니다. 만약 하루를 24등분하여 숫자 1부터 24까지 표현한다고 가정해 보세요. 12와 24를 기준으로 오전과 오후가 나누어집니다. 다음은 오후 몇 시를 나타내는 것일까요?

13시, 16시, 19시, 22시

☞ 해답 P. 237

실제로 몬드리안은 깜박이는 브로드웨이의 네온사인 광경과 쏜살같이 달리는 노란 택시들, 흥겨운 재즈 음악의 리듬을 도형과 색채의 효과를 빌어 그림에 표현했어요. 그는 혼란 속에서도 질서와 삶의 활력을 찾는 대도시의 에너지를 도형화했어요. 리드미컬한 사운드를 추상적인 시각언어로 표현한 그의 그림은 오늘날 비디오 게임에서 보여지는 형태와 유사합니다. 몬드리안은 그림은 정지된 것이라는 고정관념을 깨고 회화에 리듬감을 불어넣은 것이지요.

〈브로드웨이 부기우기〉의
'황금 직사각형' 은
몇 개일까요?

몬드리안 (Piet Mondrian, 1872~1944) | 〈브로드웨이 부기우기〉 | 1942~1943

달리는 시계가 견고한 것이라는 선입견을 깨어 사람들을 깜짝 놀라게 했어요. 그런데 이번에 소개할 화가는 미술은 조용한 것이라는 고정관념을 뒤바꾸었어요. 그는 화면에서 신나는 재즈 음악이 흘러나오게 했어요. 그것도 정사각형과 직사각형만으로 말입니다. 정말 화가들의 능력은 대단하지요.

미술에서는 그를 가리켜 '기하학적 추상화의 아버지'로 부르고 있어요. 그것은 몬드리안이 선과 직사각형, 한정된 색채만으로 그림을 그렸기 때문입니다.

그는 화가의 감정을 완벽하게 없앤 무균 상태의 그림을 그리고자 했어요. 너무도 엄격하게 자신을 통제한 나머지 화면에 곡선을 사용하는 것마저 꺼려 했습니다. 곡선은 개인적인 감정을 드러낸다고 생각했던 것이지요. 몬드리안이 이처럼 기하학적 추상만을 고집한 것은 눈에 보이는 세계보다 정신을 더 중요하게 여겼기 때문입니다. 그는 사물의 겉모습은 끊임없이 변하기에 그 본질을 알 수 없다고 판단했어요. 미술이 절대적인 형태를 갖춘다면 영원히 변치 않은 본질을 전할 수 있을 것으로 믿었습니다. 그가 추상미술을 선택한 것도 관객이 그림에서 주제나 내용을 찾을 수 없도록 하기 위해서였어요. 이런 그의 신념은 '미술이란 자연계와 인간세상을 체계적으로 없애 나가는 것'이라는 말에서도 분명하게 드러납니다.

　그러나 수도승처럼 속세를 멀리하고 정신세계만을 추구했던 몬드리안은 말년에 이르러 굳게 닫힌 마음의 문을 열기 시작합니다. 인간적인 감정을 인정하고 그 새로운 느낌을 작품에 반영하지요. 왜 이런 변화가 생겼는지 그림을 감상하면서 그 이유를 알아보겠어요.

　이 그림은 '브로드웨이 부기우기' 라는 제목을 가졌어요. 브로드웨이는 미국 뉴욕의 거리 지명이며 부기우기는 템포가 빠른 재즈 음악을 말합니다. 추상미술은 어렵다는 선입견을 버리고 그림을 보면 다음과 같은 것을 체험할 수 있어요. 캔버스 위를 작은 사각형 격자들이 움직입니다. 번화한 뉴욕의 거리를 노란 택시들이 질주하고, 깜박이는 브로드웨이의 네온사인은 행인의 눈길을 유혹합니다. 화면에서는 흥겨운 재즈 음악이 흘러나옵니다. 그림을 보고 이런 느낌을 받았다면 화가의 의도를 제대로 이해한 것입니다.

　실제로 몬드리안은 깜박이는 브로드웨이의 네온사인 광경과 쏜살같이 달리는 노란 택시들, 흥겨운 재즈 음악의 리듬을 도형과 색채의 효과를 빌어 그림에 표현했어요. 그는 혼란 속에서도 질서와 삶의 활력을 찾는 대도시의 에너지를 도형화했어요. 리드미컬한 사운드를 추상적인 시각언어로 표현한 그의 그림은 오늘날 비디오 게임에서 보여지는 형태와 유사합니다. 몬드리안은 그림은 정지된 것이라는 고정관념을 깨고 회화에 리듬감을 불어넣은 것이지요.

　몬드리안이 회화의 리듬을 창조한 비결은 무엇일까요? 바로 재즈에 대한 사랑입니다. 그가 재즈와 열애에 빠진 과정은 다음과 같아요. 몬드리안은 1940년 전쟁을 피해 미국으로 건너갔어요. 당시 미국은 전쟁에 시달리던 유럽 예술가들에게 신세계로 여겨지고 있었어요. 뉴욕에 도착한 그는 신선한 충격을 받습니다. 유럽에서 볼 수 없는 현대식 건축물과 급속한 기계문명의 발달, 대도시의 자유와 활력이 그를 매료시킨 것이지요. 그는 이내 당시 한창 유행한 재즈에 푹 빠져들었어요. 환갑을 넘긴 나이에도 불구하고 열광적인 재즈 댄서가 되었습니다.

그 시절은 재즈시대로 불릴 만큼 재즈에 푹 빠진 사람들이 많았어요. 숱한 미술인들과 영화 제작자, 디자이너들이 흥겨운 재즈를 틀어 놓고 리듬에 맞추어 신나게 춤을 추었어요. 그 누구보다 재즈를 사랑했던 몬드리안은 재즈 피아노 곡을 들으며 작업할 정도로 재즈 광이 되었습니다. 그는 스타카토로 두들기는 드럼의 박자와 부기우기의 흥겨운 리듬에서 영감을 얻었어요. 이 그림은 그가 그토록 사랑한 재즈 음악에게 바친 찬미요, 헌사입니다. 그는 자신이 가장 사랑한 미술과 음악을 화면에 결합시킨 행복한 예술가였습니다.

선생님도 몬드리안의 <브로드웨이 부기우기>를 보면서 흥겨운 재즈의 선율을 느끼셨어요? 몬드리안의 그림을 신선한 치즈와 토마토가 담긴 샐러드라고 가정한다면 어떤 양념의 수학 소스가 가장 잘 어울릴까요?

신선한 샐러드에는 깔끔한 오리엔탈 드레싱이나 상큼한 레드 와인 소스가 어울리지 않을까요? 무엇보다도 이 그림에서는 선율에 몸을 맡겨 표현한 몬드리안의 정사각형과 직사각형의 배열이 아름답게 여겨지는데요, 그 이유는 신비스럽게 감추어진 황금비가 발견되기 때문이지요. 직사각형의 짧은 변의 길이가 1일 때 긴 변의 길이가 약 1.618이면 1 : 1.618이라는 황금비가 만들어짐은 이미 잘 알고 있습니다.

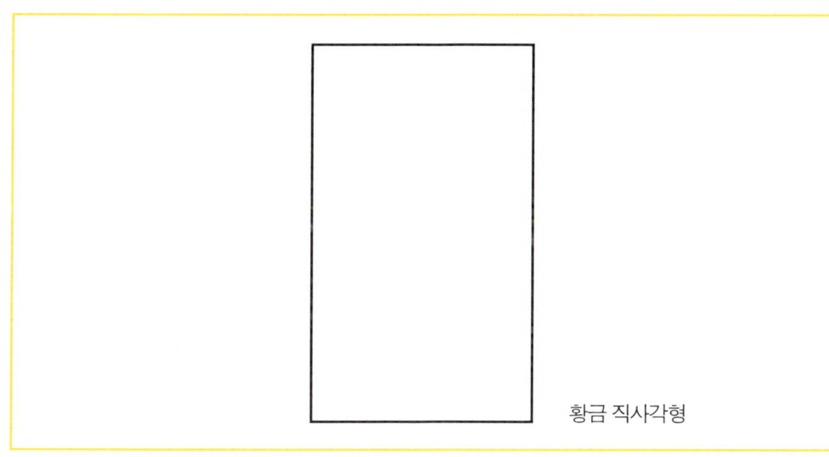

황금 직사각형

가로 세로의 비가 황금비를 이루는 직사각형을 '황금 직사각형'이라 부릅
니다. 이 작품에서는 황금 직사각형들이 크거나 작은 모습으로 신비스럽게 그
림 속에 감추어져 있어요. 여러분도 그림 속에 숨어 있는 황금 직사각형을 찾
아보세요. 직관적으로 찾을 수 있겠지만 좀 더 수학적인 방법으로 간단하게
찾을 수 있습니다. 가로 세로의 비가 다음과 같은 직사각형에 주목하면 되거
든요.

$$3:5, \ 5:3, \ 5:8, \ 8:5, \ 8:13, \ 13:8, \ 13:21, \ 21:13, \ \cdots\cdots$$

또한 이 그림을 보면 재즈의 선율과 함께 지하철의 노선도나 도로망을 보는
듯한 착각에 빠집니다. 그렇게 보면 몬드리안의 그림에서 여러 종류의 도로망
을 발견할 수 있어요. <브로드웨이 부기우기> 그림에서 도로망 하나를 잡아
볼까요? 오른쪽으로 가거나 위로 가는 경우만 허용할 때, S 지점에서 출발하여
E 지점까지 가는 방법은 몇 가지가 있을까요?

문제를 해결하는 방법은 여러 가지가 있습니다. 먼저 S에서 출발하는 경우
길은 오른쪽, 아니면 위로 올라가는 길, 이렇게 두 갈래가 되겠지요. 약간의 인

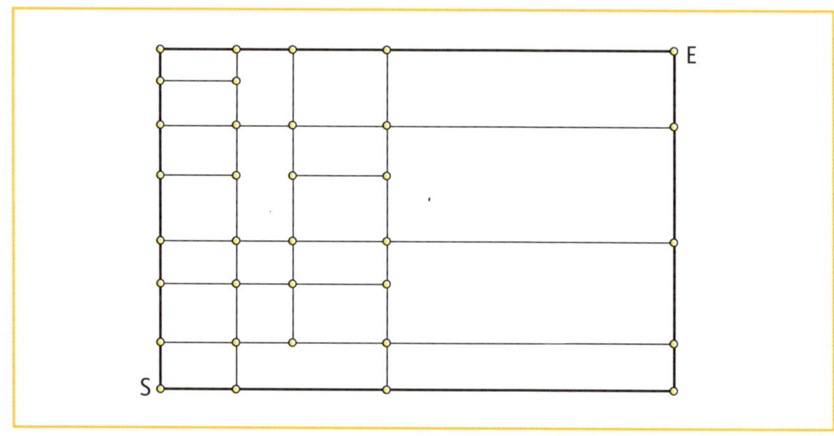

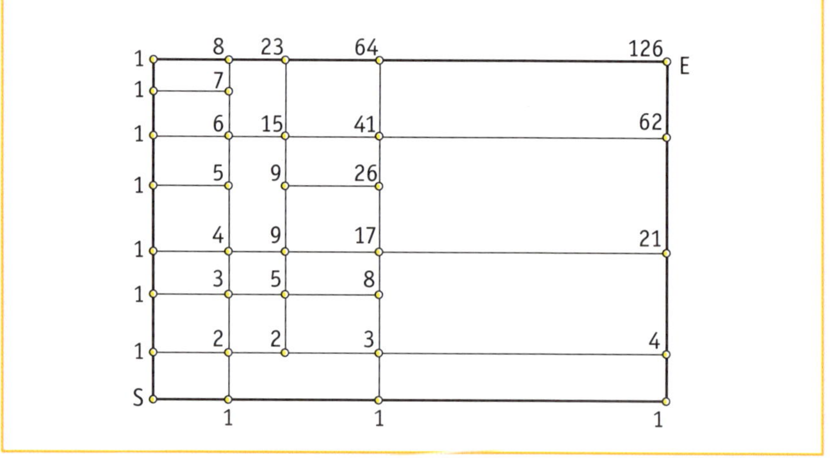

내심을 가지고 각 꼭지점까지 도달하는 방법의 수를 꼭지점에 숫자로 써 보십시오. 덧셈을 이용하면 S에서 출발하여 E에 도착하는 방법은 무려 126가지가 됨을 알 수 있습니다. 몬드리안의 그림을 감상하는 방법도 여러 가지가 있겠지만 이렇게 수학과 함께 감상하는 방법도 참 즐겁고 흥미롭지 않나요?

12. 몬드리안의 〈브로드웨이 부기우기〉 그림을 여러 종류의 도로망으로 가정하고 그 중 하나의 도로망을 잡아 봅시다. 그렇다면 지점 S에서 출발하여 지점 E까지 가는 방법은 몇 가지일까요? 단, 파란 부분은 홍수로 물이 범람한 부분이므로 이곳을 피해 오른쪽으로 가거나 위로 가는 경우만 가능합니다.

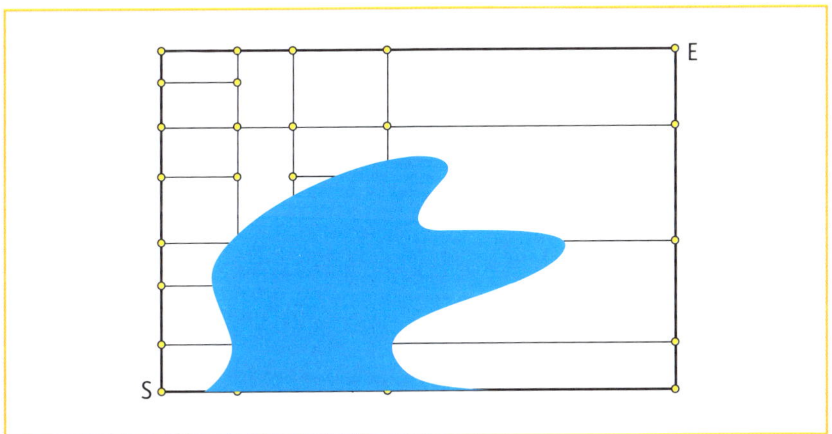

☞ 해답 P. 238

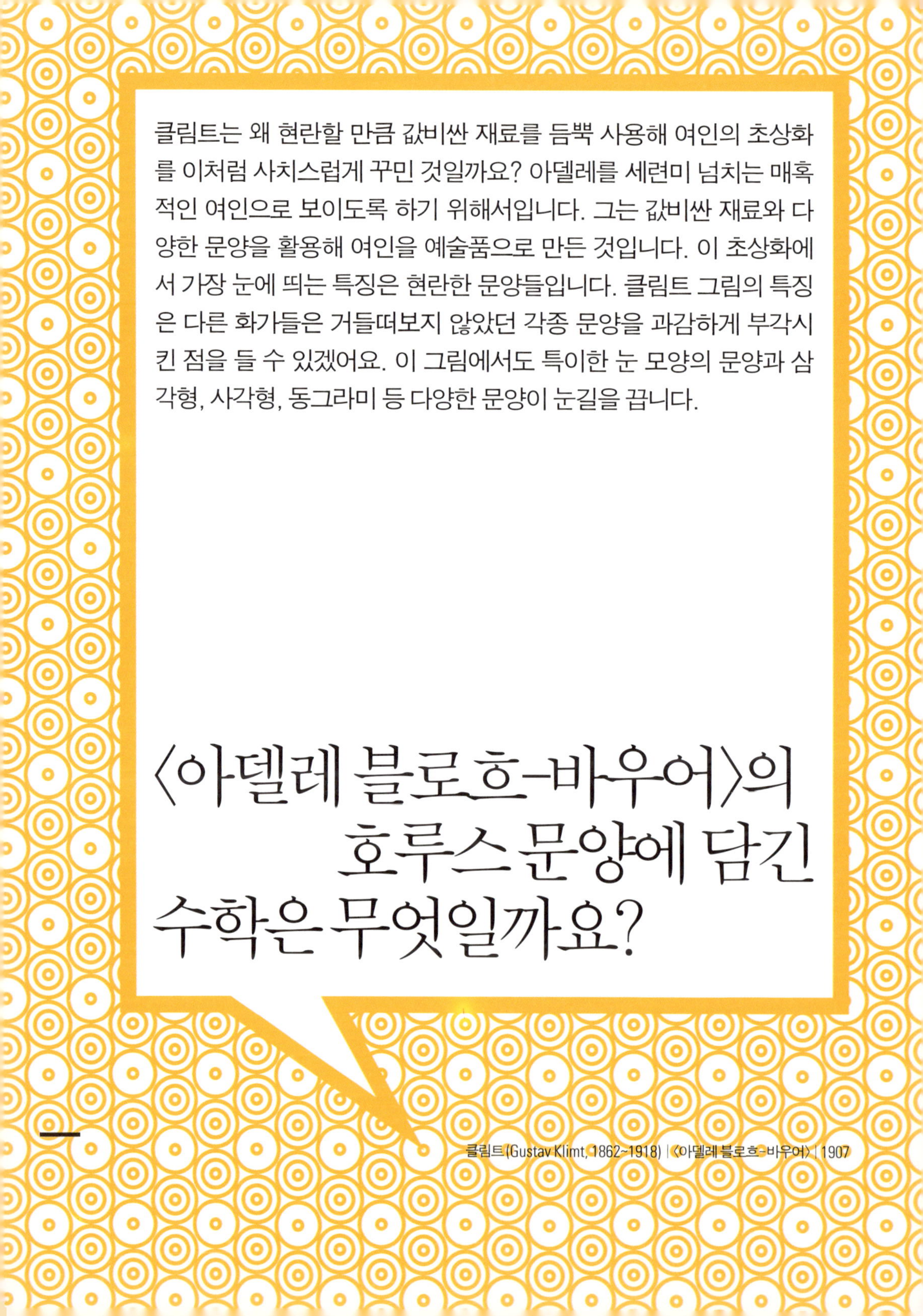

클림트는 왜 현란할 만큼 값비싼 재료를 듬뿍 사용해 여인의 초상화를 이처럼 사치스럽게 꾸민 것일까요? 아델레를 세련미 넘치는 매혹적인 여인으로 보이도록 하기 위해서입니다. 그는 값비싼 재료와 다양한 문양을 활용해 여인을 예술품으로 만든 것입니다. 이 초상화에서 가장 눈에 띄는 특징은 현란한 문양들입니다. 클림트 그림의 특징은 다른 화가들은 거들떠보지 않았던 각종 문양을 과감하게 부각시킨 점을 들 수 있겠어요. 이 그림에서도 특이한 눈 모양의 문양과 삼각형, 사각형, 동그라미 등 다양한 문양이 눈길을 끕니다.

〈아델레 블로흐-바우어〉의 호루스 문양에 담긴 수학은 무엇일까요?

클림트는 감미롭고 매혹적인 그림으로 미술 애호가들의 사랑을 한몸에 받고 있는 화가입니다. 국내에도 그의 팬들이 무척 많아요. 특히 클림트가 그린 여인의 초상화는 '클림트표 여인'으로 불릴 만큼 독창적이며 황홀한 아름다움을 지녔다는 평가를 받고 있어요. 이 그림은 클림트가 그린 초상화 중 가장 화려한 작품으로 알려져 있어요. 그림은 온통 황금빛 일색입니다. 여인은 황금색 드레스를 입고 황금색 의자에 앉았으며 배경도 태양처럼 찬란한 황금색입니다.

클림트는 값비싼 금박 은박을 아낌없이 사용해 이 그림을 그렸어요. 덕분에 여인은 현실의 여인이기보다 사치스런 보석이나 장신구처럼 느껴집니다. 화려한 패션 화보에 등장한 모델처럼 보이는 여인은 오스트리아 빈의 부유한 실업가의 아내인 아델레 블로흐-바우어입니다. 그녀의 남편 블로흐는 대형 상업 은행 이사였으며 설탕과 인쇄업, 제지업으로 많은 돈을 벌었습니다. 클림트는 부유하고 아름다운 아델레를 그녀의 신분에 어울리는 모습으로 표현하고 싶었습니다. 그는 인물의 얼굴과 손을 제외한 몸 전체를 화려한 문양으로 장식했어요. 호화로운 재료와 풍부한 장식은 여인을 살과 피를 지닌 현실의 여인이 아닌 환상의 여인으로 변모시켰어요. 실제의 아델레는 사라지고 인간의 손이 닿을 수 없는 신비한 여인이 탄생한 것입니다.

클림트는 왜 현란할 만큼 값비싼 재료를 듬뿍 사용해 여인의 초상화를 이처럼 사치스럽게 꾸민 것일까요? 아델레를 세련미 넘치는 매혹적인 여인으로 보이도록 하기 위해서입니다. 그는 값비싼 재료와 다양한 문양을 활용해 여인을 예술품으로 만든 것입니다. 이 초상화에서 가장 눈에 띄는 특징은 현란한 문양들입니다. 클림트 그림의 특징은 다른 화가들은 거들떠보지 않았던 각종 문양을 과감하게 부각시킨 점을 들 수 있겠어요. 이 그림에서도 특이한 눈 모양의 문양과 삼각형, 사각형, 동그라미 등 다양한 문양이 눈길을 끕니다.

그럼 그림에 나온 문양을 자세히 살펴볼까요? 금박 은박은 화려한 라벤나의 비잔틴 모자이크화에서 영향을 받은 것입니다. 클림트는 생전에 라벤나를 방문한 적이 있으며 신비한 모자이크화의 아름다움과 장식적인 구성에 깊이 감동을 받았어요. 한편 드레스에 그려진 양식화된 눈은 이집트 미술에서 영감을 받은 것입니다. 배경의 반복된 기하학적 문양들은 고대 그리스 미케네의 도기화에서 영향을 받았어요. 여인의 치마폭에 아로새겨진 두 개로 나뉜 타원형 문양과 불규칙적으로 흩어진 문양은 가문을 상징하는 문장 디자인을 활용한 것입니다. 반면 소용돌이 문양은 19세기말에 유행한 아르누보의 영향을 받은 것으로 물의 흐름이나 물의 움직임을 암시합니다.

클림트는 이처럼 옷의 질감을 묘사하기보다 문양들을 이용해 화려하고 장식적인 효과를 내는 일에 몰두했어요. 그런데 흥미로운 것은 이 장식과 문양이 클림트를 당대 최고의 초상화가로 만든 일등공신이라는 점입니다. 당시 빈의 초상화가들은 일감이 없어 한숨만 쉬고 있었어요. 사진기가 발명된 이후 초상화가들은 단골고객을 사진기에게 뺏긴 상태였어요. 실물과 똑같이 인물을 재현하는 신기술에 사람들은 넋을 잃었기 때문입니다. 그러나 클림트는 개점 휴업 상태인 다른 초상화가들과는 달리 몰려드는 고객들로 인해 홍역을 치렀어요. 빈의 부유층 여인들은 앞다투어 클림트에게 초상화를 주문했습니다. 그럴 수밖에 없는 이유가 있어요. 사진은 비록 인물을 똑같이 재현할 수 있지만 클림트처럼 화려하고 매혹적인 초상화를 창조할 능력이 없어요. 제 아무리 뛰어난 성능을 가진 사진기도 클림트처럼 사치스런 재료와 장식을 사용해 여인들을 신비한 나라의 여왕으로 만들 수는 없으니까요.

그런데 이 초상화에는 재미있는 사연이 숨겨져 있어요. 아름다운 초상화의 주인공인 아델레의 손 모양이 어색해 보이지 않나요? 그녀는 무용수처럼 오른손가락을 90도 각도로 꺾어 안쪽으로 감추고 있어요. 이런 불편한 손동작은 아델레가 오른손을 본능적으로 가리려고 한 결과예요. 그녀는 어릴 적 사고를 당해 오른쪽 중지에 흉한 상처가 생겼어요. 아델레는 늘 이 상처를 꺼려했으며 가능한 자신의 흠이 드러나지 않도록 노력했습니다.

이 그림은 문양의 백과사전으로 불러도 전혀 손색이 없을 것 같은데요, 수학에서는 클림트가 그린 문양을 어떻게 풀이할 수 있을까요?

이 무늬들이 서로 어우러져 하나의 새로운 아름다움을 만들어 내고 있지요. 수학적 도형으로 이렇게 아름다운 무늬를 만들어 낸 클림트를 가리켜 '무늬

기하학자'라 불러도 좋을 것 같습니다.

이 그림에선 일반적인 수학적 도형과는 달리 눈 모양의 문양들이 시선을 끕니다. 도대체 이 눈은 무엇을 그린 걸까요? 이 눈은 이집트의 문양으로 '호루스의 눈'을 상징합니다. 호루스(Horus)는 이집트 신화에 등장하는 이집트 최고의 태양신으로 알려져 있지요. 그는 오시리스와 이시스 사이에서 태어난 아들로, 아버지의 원수인 세트를 죽이고 통일 이집트의 왕이 됩니다. 태양, 하늘의 화신이 된 그를 대개 매의 머리를 가진 신으로 표현하였지요. 그 후 역대 이집트 왕들은 호루스의 화신으로 여겨져서 반드시 호루스라는 이름으로 불려졌다고 합니다.

호루스의 눈

그런데 호루스의 눈을 표현한 그림들은 보통 오른쪽 눈을 그린 경우가 많아요. 그 이유가 무엇일까요? 호루스의 오른쪽 눈은 태양을, 왼쪽 눈이 달을 상징하는데 태양이 달보다 더 강하다는 믿음에서 오른쪽 눈을 그린 경우가 더 많았다고 합니다. 왼쪽 눈은 오른쪽 눈을 세로축으로 대칭시켜 그리면 되므로 여기서는 호루스의 오른쪽 눈만 살펴보도록 하겠어요.

호루스의 눈은 모두 여섯 부분으로 구성되어 있습니다. 이 여섯 부분은 당시 바빌로니아인과 이집트인들이 주로 사용하던 분자가 1인 분수의 상형문자로 표현되었습니다. 호루스의 눈이 상징하는 의미와 수를 알기 쉽게 표로 정리하면 다음과 같아요.

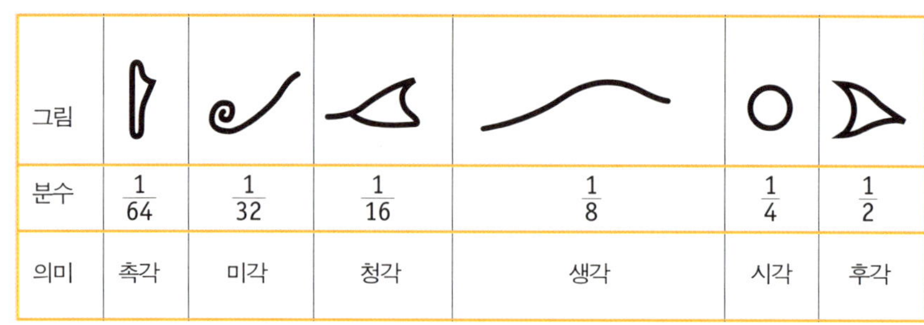

그림						
분수	$\dfrac{1}{64}$	$\dfrac{1}{32}$	$\dfrac{1}{16}$	$\dfrac{1}{8}$	$\dfrac{1}{4}$	$\dfrac{1}{2}$
의미	촉각	미각	청각	생각	시각	후각

자, 이제 호루스의 눈에 표시된 분수들을 작은 수부터 나열해 볼까요?

$$\frac{1}{64},\ \frac{1}{32},\ \frac{1}{16},\ \frac{1}{8},\ \frac{1}{4},\ \frac{1}{2}$$

이 분수들은 어떤 특징이 있을까요? 자세히 살펴보면 각 분수들은 2분의 1의 비율로 줄어들고 있음을 발견할 수 있습니다. 이번에는 각 분수들에 해당하는 그림을 손가락으로 따라 가 볼래요? 놀랍게도 시계방향의 곡선이 그려지지요.

이번에는 호루스의 눈에 표시된 분수들의 분모를 64로 통일해 보세요.

$$\frac{1}{64},\ \frac{2}{64},\ \frac{4}{64},\ \frac{8}{64},\ \frac{16}{64},\ \frac{32}{64}$$

이 분수들에서 발견할 수 있는 특징은 무엇일까요? 분모는 64로 변함이 없는데 분자가 두 배씩 늘어나고 있지요. 이 분수들을 모두 더하면 어떻게 될까요? 분자의 합이 1+2+4+8+16+32=63이므로 호루스의 여섯 부분에 해당하는 분수를 모두 더하면 그 값은 $\frac{63}{64}$이 되겠지요. 이 값은 약 1을 나타내기 때문에 호루스의 눈도 약 1이라 놓을 수 있어요. 그 당시의 수학 수준을 고려해 보면 호루스의 눈에는 놀라운 수학적 의미를 담겨 있는 셈입니다. 왜냐하면 처음 수 $\frac{1}{2}$에서 출발하여 2분의 1 비율로 줄어드는 모든 분수들의 합이 1이라는 것을 나타내기 때문입니다. 오늘날의 수학적 표현으로 호루스의 눈을 나타내면 다음과 같아요.

$$\frac{1}{2}+\frac{1}{4}+\frac{1}{8}+\frac{1}{16}+\cdots=1$$

앞서 소개한 클림트가 문양을 가장 절묘하게 활용한 화가이긴 합니다만 수학적 패턴이 최초로 회화의 주요 소재로 등장한 것은 17세기 네덜란드 풍속화에서 찾을 수 있겠어요. 피터 데 호흐의 <실내 정경>을 보면 이런 사실을 확인할 수 있어요.

두꺼운 커튼이 내려진 창문을 비집고 은은한 빛이 스며들고 있어요. 커튼 사이로 스며든 빛은 실내를 더없이 아늑하게 만듭니다. 창가에는 두 남자가 탁자를 사이에 두고 앉아 있으며 한 여인이 남자들에게서 주문을 받습니다. 화면 앞쪽에 눈을 돌리면 두 남녀가 돈주머니를 건네 받으며 은밀한 대화를 나누는 장면이 보입니다. 두 사람은 상대방의 눈을 깊숙이 들여다보면서 무언가를 이야기하고 있습니다.

두 남녀의 생생한 눈빛은 관객을 단숨에 17세기 네덜란드의 실내로 끌어들입니다. 호흐 작품의 가장 두드러진 특징은 이처럼 인물들의 시선을 통해 많은 이야기를 전달한다는 점입니다. 그는 눈빛을 통해 다채로운 인간심리를 절묘하게 드러내고 있습니다. 또 다른 특징은 실내 정경을 마치 스냅 사진처럼 생생하게 포착한 점입니다. 그림을 보세요. 두 남녀는 마법에 걸린 사람처럼 순간 정지상태입니다. 이미지의 수집가인 호흐는 인물의 몸짓과 시선을 채집해 화면에 영원히 고정시킨 것이지요. 그러나 사진처럼 사실적으로 보이는 이 풍속화는 현장에서 그린 것은 아닙니다. 호흐는 자신의 아틀리에서 치밀하게 구도를 계산한 다음 그림을 그렸어요.

　　〈아델레 블로흐-바우어〉의 호루스 문양에 담긴 수학은 무엇일까요?

이런 사실은 바닥에 깔린 흰색과 검은색의 격자 무늬 타일을 관찰하면 금세 알 수 있어요. 17세기 네덜란드 실내화를 보면 유난히 기하학적인 타일이 자주 등장합니다. 당시 화가들이 기하학적 무늬의 타일을 주요 소재로 삼은 까닭이 있어요. 원근법을 사용해 공간을 구성하는 방법을 연구하기 위해서였습니다. 호흐 역시 풍속화의 대가답게 타일을 활용해 정확한 원근법으로 구성된 공간을 연출한 것입니다.

앞서 말했듯 피터 데 호흐는 17세기 풍속화의 대가입니다. 풍속화란 일상적인 생활을 주제로 삼은 그림을 말합니다. 풍속화의 시작은 16세기 초엽 네덜란드 남부에서 시작되었으며 16세기 중반에 이르러 절정에 달하게 됩니다. 그렇다면 유독 네덜란드에서 풍속화가 유행을 한 까닭은 무엇일까요? 유럽 다른 나라에서는 찾아보기 힘든 네덜란드만의 독특한 사회 분위기 때문입니다. 다른 유럽 국가들은 그림의 주요 고객이 왕족이나 귀족, 성직자와 거상 등 상류층이었어요. 부유한 고객들은 화가들에게 자신의 신분에 걸맞는 이상적이고 고상한 주제를 담은 역사화나 신화, 종교화를 주문했습니다. 그러나 네덜란드에서 그림을 사는 계층은 평범한 시민 계급이었어요. 중산층인 시민 계급이 앞다투어 그림을 구매해 집 안을 장식했으며 심지어 서민이나 농부들까지 거리낌없이 돈지갑을 열어 그림을 샀습니다.

평범한 사람들도 그림을 살 수 있었던 것은 종교개혁의 성공으로 절대군주제가 무너지고 시민이 주인공인 공화국이 탄생했기 때문입니다. 네덜란드는 카톨릭의 지배를 벗어난 신교 국가로 거듭났어요. 신교도가 된 네덜란드인들은 자신들의 가치관을 반영한 현실적인 그림을 원했어요. 이제 화가들은 더 이상 과거의 고객들로부터 후원을 기대할 수 없는 상황이 되었습니다. 신과 군주를 위해 봉사하던 예술이 시민을 위한 예술로 바뀌게 된 것이지요. 또 일찍이 경제의 중요성을 깨달은 네덜란드인들은 대부분 상인이 되어 무역업에 종사했어요. 상업으로 큰 돈을 벌게 된 사람들은 현재가 내세보다 중요하며 일상적

피터 데 호흐(Pieter de Hooch, 1629~1684) | 〈실내 정경〉 |

　〈아델레 블로흐-바우어〉의 호루스 문양에 담긴 수학은 무엇일까요?

인 삶이 값진 것이라는 깨달음을 얻었어요. 당연히 일상의 희로애락을 거울처럼 반영한 풍속화가 인기를 끈 것입니다.

이제 네덜란드에서 풍속화가 선풍적인 인기를 끈 배경을 알게 되었어요. 호흐를 비롯한 풍속화가들은 인간관계로 이뤄진 세상에 애착을 가졌으며 그 아름다운 삶의 순간을 작품에 표현하고 싶은 욕망을 가졌습니다. 호흐의 실내화는 진실하면서 소탈하고, 현재에 충실하면서 일상의 행복을 추구했던 17세기 네덜란드인들의 초상입니다.

호흐의 그림에서 정사각형 모양의 바닥 타일이 제 눈을 사로잡는데요, 이 무늬가 체스 판을 연상시키기 때문입니다. 두 사람이 경기하는 체스 판은 64개(8×8=64)의 흑백 정사각형 모양이 호흐가 그려 놓은 바닥 타일처럼 번갈아 가며 배열되어 있어요. 그래서인지 호흐의 그림에 등장하는 사람들이 마치 자신의 삶을 체스 판 위에 올려놓고 게임하는 듯한 느낌을 받게 됩니다.

그렇다면 세계적으로 유명한 체스라는 게임은 도대체 누가 만들었을까요? 바로 인도의 승려인 세타가 만들었다고 전해집니다. 세타가 체스 게임을 만든 이유는 전쟁을 놀이처럼 생각하여 살육을 밥 먹듯 하는 왕을 걱정했기 때문이지요. 세타가 만든 체스 게임 덕분에 왕은 큰 희생 없이 일상에서도 전쟁놀이를 만끽할 수 있게 되었어요. 왕이 이 게임에 깊이 매료될 수밖에 없었던 것은 당연한 일이었고, 덕분에 세타는 자신이 원하는 것을 상으로 받을 수 있게 되었습니다.

승려 세타는 왕에게 소박한 소원을 말하지요.

"64개의 칸 중 첫 번째 칸에는 수수 한 알, 두 번째 칸에는 수수 두 알, 세 번째 칸에는 수수 네 알, 그 다음 칸에는 앞의 칸에 있는 수수 알보다 두 배가 많은 수수 알을 얹어 64개의 칸을 모두 채워 주십시오."

자, 그렇다면 왕은 세타의 소원을 지킬 수 있었을까요? 그냥 쉽게 생각하면 체스 판 전체에 놓을 수수의 개수는 대수롭지 않을 것이라고 생각하기 쉬워요. 하지만 끈기를 가지고 수수 알을 계산을 해 보면 그 숫자에 엄청나게 놀라게 됩니다. 전자계산기를 이용하여 세타의 소원을 들어주기 위해 필요한 수수 알의 개수를 계산해보도록 할까요?

$$1+2+2^2+ \cdots +2^{63}=2^{64}-1$$

어때요, 왕이 세타에게 줘야 할 수수 알은 $(2^{64}-1)$개로, 이것은 1844경 6744조 737억 955만 1615개나 됩니다.

세타가 만든 체스 게임

 〈아델레 블로흐-바우어〉의 호루스 문양에 담긴 수학은 무엇일까요?

여러분이 왕이라면 이 상황에서 어떻게 해야 할까요? 어떻게 말해야 이 위기를 모면할 수 있을까요? 쉽게 생각이 떠오르지 않는다면 다음 이야기에 귀 기울여 보세요.

"자! 너에게 네가 원하는 대로 수수 알을 주겠다. 하지만 먼저 네가 원하는 수수 알을 모두 올려놓을 수 있을 만큼 커다란 체스 판을 가져오너라."

이 방법 이외에도 또 다른 답들이 기다리고 있을 것입니다. 그 답들은 여러분이 생각해 보면 어떨까요?

13. 클림트와 호흐의 그림에서 감소와 증가를 생각해 보았습니다. 그렇다면 다음과 같은 규칙으로 수가 증가하거나 감소한다면 10번 째 등장할 수는 무엇일까요?

① 1, 3, 7, 15, 31, …

② 1, $\dfrac{1}{3}$, $\dfrac{1}{7}$, $\dfrac{1}{15}$, $\dfrac{1}{31}$, …

☞ 해답 P. 238

　〈아델레 블로흐-바우어〉의 호루스 문양에 담긴 수학은 무엇일까요?

지극히 평범해 보이는 이 그림에 수학자들은 왜 그토록 열광한 것일까요? 해답은 흐르는 물과 폭포에서 찾을 수 있어요. 물은 도랑을 거슬러 올라가 폭포가 되어 밑으로 떨어지고 있어요. 떨어진 물은 다시 도랑을 타고 올라갑니다. 물이 거꾸로 흐르다니요! 현실세계에서는 도저히 일어날 수 없는 현상이 벌어지고 있어요. 에셔가 이런 이상한 그림을 그린 의도는 무엇일까요?

〈폭포〉에 담겨진 '불가능한 삼각형'은 왜 가능해 보일까요?

에셔는 특이하게도 미술애호가보다 수학자들이 더 관심을 갖는 화가입니다. 수학자들은 수학의 일부분을 시각화하고 수학적 질서를 탐구한 에셔의 작품에 감탄을 금치 못했어요. 하지만 이처럼 수학적 요소가 많은 것이 화가로서의 경력에 도움은 되지 않았어요. 한때 그는 미술계로부터 '에셔의 작품은 미술이 아니다.' 는 섭섭한 얘기까지 들었으니까요. 그러나 에셔가 처음부터 의도적으로 수학을 작품에 도입한 것은 아닙니다. 그는 질서와 조화에 대한 갈망을 수학적 형태를 빌어 표현하고 싶었던 것입니다. 하지만 수학자들이 자신의 그림을 보고 열광하자 에셔는 작품과 수학이 긴밀한 관련이 있다는 사실에 커다란 자부심을 가졌어요. 나중에는 수학을 그림에 도입하고 싶은 욕심까지 생겼습니다. 그는 아이디어가 막히면 서슴없이 수학자들에게 도움을 요청해 작품에 반영하기도 했어요. 이 넘치는 수학 사랑을 그는 이렇게 고백하고 있어요.

'수학이 시와 같은 뿌리에서 태어났다는 사실, 다시 말해 수학이 상상력으로부터 시작되었다는 사실을 깨닫지 못한다면 인간이란 존재를 제대로 이해할 수 없다.'

　그럼 수학자들을 매혹시킨 에셔의 작품을 감상하겠어요. 두 개의 탑이 우뚝 서 있는 건물이 보여요. 두 탑 사이로 도랑이 흐르고 그 물은 폭포가 되어 아래로 떨어집니다. 배경에는 나무들이 심어진 계단식 정원이 있으며, 화면 오른편에 한 여인이 옷가지를 빨랫줄에 널고 있는 모습이 보입니다. 에셔의 그림을 자세히 살펴보아도 특별히 눈에 띄는 짐도, 강한 개성도 발견하기 어려워요. 그렇다면 지극히 평범해 보이는 이 그림에 수학자들은 왜 그토록 열광한 것일까요? 해답은 흐르는 물과 폭포에서 찾을 수 있어요. 물은 도랑을 거슬러 올라가 폭포가 되어 밑으로 떨어지고 있어요. 떨어진 물은 다시 도랑을 타고 올라갑니다. 물이 거꾸로 흐르다니요! 현실세계에서는 도저히 일어날 수 없는 현상이 벌어지고 있어요. 에셔가 이런 이상한 그림을 그린 의도는 무엇일까요?

　다행히 에셔는 작품을 자세히 설명한 강의록을 남겼어요. 그 원고를 빌어 작품의 숨겨진 의미를 알아보도록 하겠어요.

　'물레바퀴를 움직이게 하는 폭포가 두 탑을 연결하는 물고랑을 따라 지그재그 모양으로 흘러갑니다. 그래서 다시 물이 떨어지는 지점에 가 닿습니다. 증발되지 않도록 가끔씩 물을 한 통씩 부어 준다면 저 물레바퀴는 영원히 돌 수 있을 것 같습니다.

　두 개의 탑은 높이는 같지만 왼쪽 탑이 오른쪽 탑보다 한 층 더 높습니다. 탑 위에 있는 정다면체는 별다른 의미가 없습니다. 단지 제가 정다면체를 너무 좋아하기 때문에 그려 넣었습니다. 왼쪽 정다면체는 세 개의 서로 교차하는 정육면체, 오른쪽은 세 개의 정팔면체로 되어 있습니다. 건축물은 남부 이탈리아의 계단식 풍경을 모델로 삼은 것입니다. 화면 왼쪽 아래 꽃밭에는 이끼 식물이 심어져 있습니다. 이 식물은 컵 모양을 하고 있으며 실제 높이는 0.1인치이지만 확대해서 그렸습니다. 스스로 움직이는 폭포라는 주제는 오른쪽 슬라이드에 보이는 삼각형에 기초한 것입니다. 제가 알기로 이 삼각형은 끝없는 계단을

창안한 수학자 L. S 펜로즈의 아들 로저 펜 로즈가 고안한 것입니다. 1958년 2월 '영국 심리학저널'에 발표된 그의 논문을 직접 인용하는 것이 좋을 것 같습니다. '이것은 원근법적인 그림이다. 각각의 부분은 3차원의 직사각형 구조를 표현하고 있다. 그러나 선들은 서로 연결되어 있으며 불가능성을 만들어낸다. 눈길이 삼각형을 따라가면 갑자기 삼각형과 관찰자의 거리 관념이 변화하게 된다.'

이렇게 에셔가 그림에 관한 자세한 설명을 남긴 덕분에 의문은 풀렸어요. 그러나 에셔가 왜 이런 모순된 주제에 관심을 가졌는가에 대한 궁금증은 남아 있어요. 대체 그는 왜 끊임없이 세상에 대해 질문을 던졌던 것일까요?

먼저 지적 호기심이 유난히 강했던 그의 타고난 기질을 들 수 있겠어요. 에셔는 익숙한 사물을 대할 때도 늘 의문을 가졌어요. 예를 들면 평평한 바닥은 천장이 될 수 없을까? 혹은 계단을 오르면 더 높은 평면에 도달한다는 이론은 과연 확실한 것일까? 스스로에게 이런 질문을 던지곤 했습니다.

또한 에셔는 견고한 사고의 틀에 박힌 일반인들과 다른 눈으로 세상을 바라보았어요. 현실은 긍정되는 동시에 부정되며 객관화되는 동시에 주관화된다고 믿었습니다. 그는 일평생 이 세상은 눈에 보이는 것만이 전부가 아니라는 생각을 했으며 자신의 신념을 작품을 통해 증명한 것입니다.

한편 에셔가 미술과 수학을 결합하기 위해 노력한 것은 그가 체질적으로 무질서한 것을 싫어했기 때문입니다. 그는 이 세상은 삶에 대한 기준도, 잣대도 없는 사람들로 가득 차 있다고 생각했어요. 따라서 조화와 질서를 반영한 수학적인 작품을 통해 헝클어진 세상을 깨끗이 정돈할 필요성을 느꼈습니다. 물론 그는 혼돈은 한시적으로는 필요하다고 생각했어요. 혼돈이 있어야 필연적으로 그것을 정리하기 위한 질서가 따르기 마련이니까요. 오랜 고민 끝에 에셔는 혼돈 그 자체를 현실에서 제거할 수 없다는 사실을 깨닫습니다. 혼돈은 일종의 필요악이며, 필연적으로 질서와 한 쌍이 될 수밖에 없어요. 에셔는 이 모순된 현실을 직시하고 자신의 딜레마를 작품에 반영한 것입니다.

혼돈스럽지만 나름대로 질서를 부여하여 정리하려고 한 그의 노력을 이 그림에서도 읽을 수 있으니 말입니다. 관장님께서 앞서 언급하셨지만 다시 한 번 〈폭포〉에 등장하는 물의 흐름에 주목해 보겠습니다.

위에서 떨어지는 물이 물레방아를 돌리고 이 물은 흘러 다시 제자리로 돌아옵니다. 자연 상태의 폭포는 일단 밑으로 흐르면 다시 원래 위치로 돌아오는 것이 불가능합니다. 그런데 이 그림에선 가능합니다. 공간에서 일어날 수 없는 일을 평면에서 표현하고 있다는 점에서 어떤 속임수(?)가 있을 거라고 생각할 수 있어요. 만약 흐르는 물이 그림과 같이 실제로 순환할 수 있다면 영구적인 운동을 하는 사례로 학계의 비상한 관심을 받았을 테니 말입니다.

하지만 아무리 보아도 잘못된 부분이 없어 보입니다. 놀라운 일이 아닐 수 없어요. 그렇다면 원근법을 무시하고 그린 점에 주목하면서 왼쪽 기둥들의 연결 상태와 오른쪽 기둥들의 연결 상태를 살펴볼까요? 어딘가 이상하지 않나요? 맞습니다, 가까이 있는 기둥과 멀리 있는 기둥이 같이 연결되어 있어요. 마치 신혼 여행지에서 사진을 찍을 때 신랑의 손바닥 위에 신부가 올라 가 있는 것처럼 보이도록 연출하여 촬영하는 것과 비슷한 방법을 쓰고 있습니다.

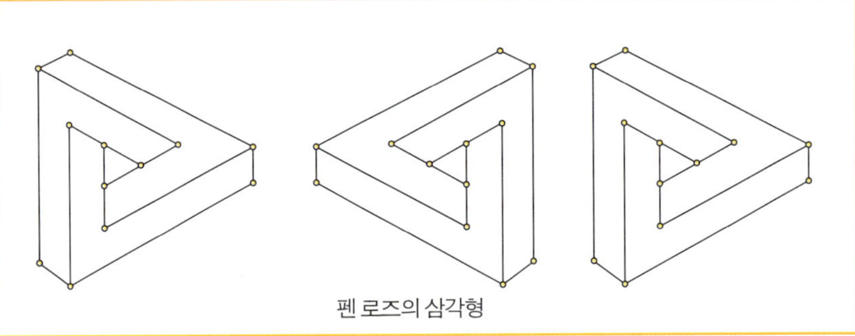

자, 그럼 그림 속에 숨겨진 구조를 수학적으로 살펴보겠습니다. 건물의 기둥과 물길을 도형으로 단순화하여 그림을 그리면 삼각형 구조가 지그재그로 반복되는 것을 볼 수 있습니다. 주의 깊게 관찰하지 않으면 아무런 문제가 없는 삼각형 구조처럼 보일 것입니다. 하지만 실제로는 불가능한 삼각형 구조입니다. 그 이유는 삼각형 구조를 이루는 각이 시각적으로는 60도이지만 평면에서 공간적 도형을 형상화했다는 점을 생각하면 모두 90도여야 하기 때문입니다. 삼각형은 언제나 모양에 상관없이 세 각의 합이 180도입니다. 하지만 그림과 같은 삼각형 구조에서는 세 각의 합이 90+90+90=270도가 됩니다. 공간에서 90도를 이루는 삼각형을 평면에 60도가 되도록 그려 넣어, 자연스럽게 구성된 것처럼 착각을 유도한 것일 뿐입니다.

관장님께서 앞서 설명했듯 이 삼각형 구조물은 물리학지이자 수학자인 펜로즈가 '불가능한 대상 : 시각적 착시의 특별한 형태' 라는 용어를 사용하여 설명함으로써 세상에 널리 알려지게 되었습니다. 그래서 위에서 제시한 세 막대를 연결하여 그린 삼각형 구조를 '펜 로즈의 삼각형' 이라고 부르는 것이지요. 알고 보면 쉽고 간단할 수 있지만 수학적 지식을 동원해 감쪽같이 멋진 눈속임을 펼친 에서야 말로 뛰어난 '수학의 마법사' 가 아니었을까요?

14. 에셔의 〈폭포〉그림에서 보여지는 삼각형은 특이하게도 세 각이 직각입니다. 이 경우에 삼각형의 세 내각의 합은 270도가 되겠지요. 평면 삼각형의 세 내각의 합은 언제나 180도이기 때문에 에셔가 그린 삼각형은 평면에서는 불가능합니다. 이런 이유로 에셔의 삼각형을 '불가능한 삼각형'이라 부른답니다. 하지만 곡면에서는 세 내각의 합이 270도인 삼각형이 존재합니다. 과연 어떤 곡면 위에서 가능한 것일까요?

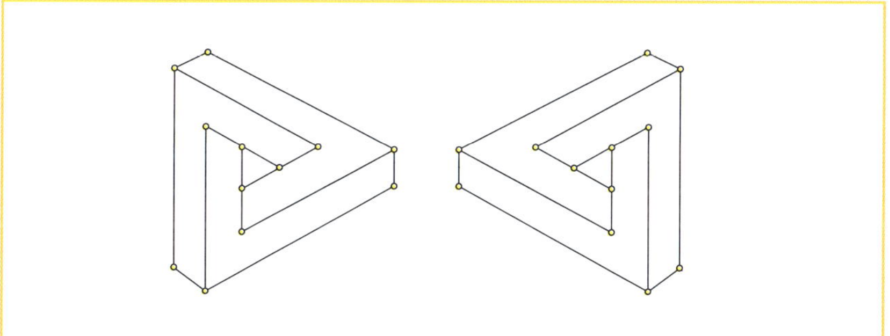

☞ 해답 P. 238

이 그림에서 수학적으로 또 주목할 대상이 있는데 그것은 바로 기타 입니다. 기타 줄이 만들어내는 음이 유리수와 관련되어 있기 때문이지요. 고대 그리스의 수학자이자 철학자였던 피타고라스는 '길이가 1인 줄을 울려 소리를 낸 후 처음 길이의 $\frac{2}{3}$인 줄을 울리면 처음 소리보다 5도 높은 소리가 나며, 처음 길이의 $\frac{1}{2}$인 줄을 울리면 8도 높은 소리가 난다.'는 사실을 일찍 깨닫고 그 음을 수로써 표현했지요.

〈스페인 가수〉와 〈세 악사〉에서 아름다운 음의 원리를?

에셔는 평생 동안 아름답고 조화로운 세상을 만들기 위해 관습에 도전한 전형적인 예술가 상을 보여주었어요. 다음 소개할 마네 역시 전통과 관습을 거부하고 새로운 시대를 연 대표적인 예술가랍니다.

이 그림은 마네가 화가로 데뷔하는 데 결정적인 역할을 한 작품입니다. 제목 그대로 한 스페인 가수가 기타를 치며 흥겹게 노래하는 모습을 묘사한 것이지요. 흥에 겨운 가수는 박자를 맞추려고 한 발을 번쩍 들어올립니다. 비록 남루한 옷에 신발마저 헤졌지만 노래에 대한 열정만은 부자가 부럽지 않습니다. 마네는 배경을 어둡게 하고 조명의 효과를 극적으로 활용해 가수가 열창하는 순간의 현장감을 생생하게 되살리고 있어요.

또한 그림은 완벽한 색채의 조화를 보여주고 있어요. 특히 생동감 넘치며 대담한 붓질이 특징인 마네의 장기가 돋보입니다. 당대 유명한 평론가인 '고티에'는 이 그림을 보고 감동을 금치 못한 나머지 '아, 얼마나 훌륭한 그림인가. 기타를 연주하는 악사는 희극 오페라 배우가 분장한 모습이 아니다. 이 자연스럽고도 매력적인 인물은 마네의 재능을 한층 빛나게 한다. 튜브에서 금방 짜낸 두터운 물감과 과감한 붓놀림, 그리고 실제의 색채'라고 극찬했습니다.

마네는 왜 스페인 가수를 그림의 주제로 삼은 것일까요? 그는 그림을 그릴 당시 스페인 문화에 푹 빠져 있었습니다. 마네는 한때 스페인을 여행하는 도중 그곳의 미술관에서 과거 스페인이 낳은 대가들의 작품을 직접 대면하는 행운을 누렸어요. 그는 스페인 특유의 감성이 물씬 풍기는 작품들을 보고 탄복을 금치 못했으며, 이런 스페인 문화에 대한 호감이 그림에 반영되었습니다. 또 19세기 말 프랑스 문화계에 에스파니아 풍이 크게 유행한 것에도 영향을 받았어요. 당시 프랑스 예술인들은 이국 문화에 관심이 많았으며 이색적인 문화를 스폰지처럼 흡수했어요. 화가들 사이에서 가장 인기를 끌었던 나라는 일본과 스페인이었습니다. 일본의 우끼오에 목판화는 대담한 선과 색채로, 스페인 명화는 정열적이며 야성적인 화풍으로 예술가들을 매혹시켰습니다. 마네 역시 스페인 문화를 너무 사랑한 나머지 파리에 온 스페인 투우사와 연예인들을 화실로 초대해 모델로 삼아 그림을 그렸습니다. 이 그림에서도 마네의 스페인 취향을 확인할 수 있어요.

그러나 그림을 자세히 살펴보면 심각한 단점을 발견할 수 있어요. 스페인 가수는 스페인 옷을 입지 않았으며 기타를 잡고 있는 손의 방향도 틀렸습니다. 가수는 오른손으로 연주되도록 조율된 기타를 왼손으로 치고 있어요. 이런 결점이 의도적인지, 혹은 실수인지 아직 밝혀지지 않고 있습니다. 혹 그는 스페인 문화에 너무 열광한 나머지 세세한 부분을 신경쓰지 못한 것은 아닐까요?

마네는 이 그림을 단숨에 완성했어요. 불과 두 시간만에 그림에 손을 뗐어요. 그가 이처럼 재빨리 그림을 완성한 것은 사물을 대할 때 느낀 생생한 감동과 색채를 실감나게 화폭에 표현하기 위해서였습니다. 20세기에 접어들면서 유럽과 미국에서는 다양한 문화적 실험이 화려한 꽃을 피웠습니다. 미술 역사상 가장 빛나는 미술사조들이 봇물 터지듯 생겨났어요. 그중 인상주의는 미술에 가장 큰 변화를 주도했던 미술운동입니다.

그렇다면 인상주의는 과연 무엇일까요? 인상주의라는 용어는 흔히 들어 알고 있지만 막상 인상주의가 무엇을 뜻하는지 이해한 사람은 많지 않아요. 인상주의란 말 그대로 순간적인 인상을 그린 그림을 말합니다. 첫인상이 중요하다는 얘기를 자주 들었을 거예요. 이 말은 대상을 처음 보았을 때 가장 진실하고 편견이 없이 바라본다는 의미를 지녔어요. 따라서 인상주의란 경험이나 지식의 영향을 받지 않은 순수한 감각만으로 사물을 대한 후 화폭에 재현한 것을 뜻합니다.

인상주의 화가들은 신선한 감각을 표현하기 위해 새롭고 독창적인 기법을 개발했어요. 스케치처럼 재빠르면서 대담한 붓질로 캔버스에 물감을 발라 단숨에 야외에서 그림을 완성했습니다. 인상파 이전의 화가들은 사물의 색채를 지식으로 이해했어요. 예를 들어 나뭇잎은 녹색, 하늘은 푸른색, 구름은 흰색이라고 여겼습니다.

화가들은 색채를 미리 설정한 후 명암으로 입체감을 만들어 실물과 같은 효과를 내는 것에만 열중했습니다. 그러나 인상주의 화가들은 머리로 알고 있는 색채와 실제 색채는 엄청나게 다르다는 사실을 발견했어요. 빛의 변화에 따라 색채와 형태가 달라 보인다는 놀라운 발견을 한 것이지요. 녹색이라고 알고 있는 나뭇잎도 햇빛이 눈부시게 밝은 날은 연두색으로, 흐린 날은 짙은 녹색으로, 아침에는 초록색으로 각기 다르게 보인다는 사실을 깨달았습니다. 이후 인상파 화가들은 과거의 미술적 지식을 지우개로 깨끗이 지운 후 사물의 색채를 유심히 관찰하였으며, 자신의 눈에 보이는 색 그 자체를 표현하려고 노력했습니다. 앞서 마네가 동료와 후배 화가들에게 '네 눈에 보이는 대로 그려라.' 고 주문한 것도 선입견을 배제하고 순수한 아이의 눈으로 사물을 보고 그림을 그리라는 뜻이었습니다.

선생님, 마네의 그림에도 우리가 모르는 수학적 요소가 숨어 있을 것 같아요. 마네의 그림에 나타난 수학은 과연 어떤 것일까요?

줄을 퉁기는 가수의 왼손을 중심으로 머리 끝, 기타 끝, 오른발 끝, 왼발 끝을 가상적으로 연결해 보세요. 180도를 이루는 직선을 세 개의 각으로 분할한 형태가 나타남을 알 수 있습니다. 마치 스페인 가수가 앉아 있는 의자의 구조와도 유사합니다. 마네는 이 구조를 하나는 수평으로, 하나는 수직으로 그림에 배치함으로서 동적 효과를 얻고 있는 것이지요. 단순한 분할로 절묘한 효과를 만들어 낸 마네의 재능에 감탄이 절로 나옵니다.

   〈스페인 가수〉와 〈세 악사〉에서 아름다운 음의 원리를?

이 그림에서 수학적으로 또 주목할 대상이 있는데 그것은 바로 기타입니다. 기타 줄이 만들어내는 음이 유리수와 관련되어 있기 때문이지요. 고대 그리스의 수학자이자 철학자였던 피타고라스는 '길이가 1인 줄을 울려 소리를 낸 후 처음 길이의 $\frac{2}{3}$인 줄을 울리면 처음 소리보다 5도 높은 소리가 나며, 처음 길이의 $\frac{1}{2}$인 줄을 울리면 8도 높은 소리가 난다.' 는 사실을 일찍 깨닫고 그 음을 수로써 표현했지요.

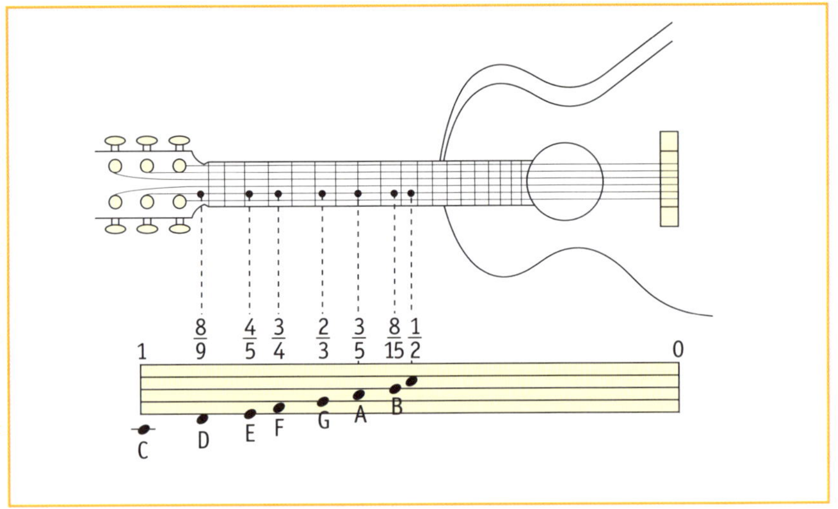

기타의 한 줄을 고정하고 '도' 음을 내는 줄의 길이를 1이라 하면, 줄의 길이가 유리수(분모, 분자가 정수인 수)의 비율로 줄어들 때마다 처음 음보다 높은 음이 나지요. 음을 내는 줄의 길이가 처음 길이의 $\frac{8}{9}, \frac{4}{5}, \frac{3}{4}, \frac{2}{3}, \frac{3}{5}, \frac{8}{15}$이 될 때, 줄이 내는 소리는 각각 '레', '미', '파', '솔', '라', '시'가 됩니다. 일상적인 생활이 무리수보다 유리수에 더 친숙하듯 마네는 무리수가 만들어 내는 건반 악기의 음보다는 유리수가 만들어 내는 현악기의 음에 더 친숙했었던 것 같습니다.

내친김에 기타가 등장한 피카소의 <세 악사, 1921>를 감상하면서 좀 더 흥미로운 이야기를 나누도록 하겠어요. 피카소는 너무도 유명해 미술에 관심이 없는 사람들도 그 이름을 기억합니다. 미술계에서는 그를 '현대미술의 제왕'으로 부르고 있어요. 그가 현대미술에 절대적인 영향을 끼친 화가이기 때문이지요. 아울러 피카소는 '천재 중의 천재'라는 찬사도 받고 있어요.

그가 '피카소 만한 천재는 그 이전에도 그 이후에도 없다.'는 극찬을 받는 까닭은 무엇일까요? 그것은 불굴의 예술 혼과 뛰어난 독창성을 작품 속에 성공적으로 결합했기 때문입니다. 그는 엄청난 양의 미술품을 창작했어요. 무려 1만 6천여 점에 달하는 회화작품과 소묘, 650여 점의 조각, 2천여 점의 판화를 제작했습니다. 이처럼 많은 양의 피카소 작품 목록을 정리하는 것은 도서관에서 책 목록을 작성하는 일만큼이나 힘든 일입니다. 피카소는 현실에 안주하지 않고 번뜩이는 영감을 등불 삼아 새로운 미술의 길을 개척했어요. 피카소가 불후의 명성을 얻은 것은 바로 작품의 양과 질에서 타의 추종을 불허한 것에 있습니다.

호기심과 모험심이 유독 강했던 피카소는 악기에도 관심이 많았어요. 그가 악기에 흥미를 느낀 것은 입체주의적인 탐구를 하기에 가장 적합한 도구였기 때문입니다. 그는 악기 중에서 특히 기타를 주목했어요. 인체를 연상시키는 기타의 독특한 형체와 몸통 중앙의 원과 음향판, 줄들이 그의 호기심을 자극했습니다.

그럼 기타가 지닌 상징성과 형식적인 특징을 그가 어떻게 입체주의적인 방식으로 그림에 표현했는지 살펴보겠어요.

세 악사가 거리에서 흥겹게 음악을 연주하고 있어요. 콧수염을 단 피에로는 기타를 치고, 가면을 쓴 어릿광대는 클라리넷을 불며, 승복을 입은 수도승은 악보를 봅니다. 특이한 것은 피카소가 인물들을 마치 조각보처럼 평면적인 형태로 묘사한 점입니다. 세 악사는 색종이를 오려서 캔버스에 붙인 느낌을 줍니다. 기타를 비롯한 다른 악기들도 그 특징만을 간략하게 표현하고 있어요. 피카소는 이 그림을 입체주의 방식으로 묘사한 것입니다.

입체주의란 말 그대로 큐브(cube), 즉 입방체로 구성한 그림을 뜻합니다. 입체주의 화가들은 표현하고자 한 대상을 입방체 형태로 묘사했어요. 그래서 입체주의라는 명칭을 꼬리표로 달게 된 것이지요. 그들은 왜 사물을 입방체로 표현한 것일까요? 자연의 겉모습보다 자연 속에 담긴 본질을 드러내기 위해서였습니다. 입체파 이전의 화가들은 그리고자 한 대상을 눈앞에 두고서 그림을 그렸어요. 이런 전통적인 제작 방식은 오직 한 면만을 그림에 반영할 수밖에 없는 단점을 지녔어요. 사람의 예를 들어 볼까요? 대상을 앞에서 볼 때와 뒤에서 볼 때, 옆면에서 볼 때는 그 느낌이 확연히 다릅니다. 입체파 화가들은 대상을 한 면에서 바라본 그림은 결코 진실을 담을 수 없다고 판단했어요. 그들은 본질을 가리는 제작 방식을 버리고 사물의 진면목을 표현할 수 있는 비법을 개발했습니다. 대상을 한 면에서 보지 않고 앞면, 옆면, 뒷면 등 여러 방향에서 관찰한 것이지요.

그러나 문제가 생겼어요. 여러 방향에서 관찰한 것까지는 좋았지만 그것을 평면인 캔버스에 옮길 방법이 없었어요. 오랜 고민과 연구 끝에 마침내 묘안이 떠올랐습니다. 각각의 면을 해체해 평면에 배치한 후 입방체 형태로 재구성한 것입니다. 입체파 화가들이 사물을 큐브라는 기하학적 구조물로 표현한 것은 바로 숨겨진 진실을 드러내기 위해서였습니다.

피카소(Pablo Ruiz y Picasso, 1881~1973) | 〈세 악사〉 | 1921
© 2005-Succession Pablo Picasso-SACK(Korea)

이 그림은 사물의 본질을 추구한 입체주의 정수를 담은 걸작으로 평가받고 있어요. 그러나 미술가들이 입이 닳도록 칭송한 작품이지만 정작 일반인들은 이해하기 어렵다고 손사래를 칩니다. 피카소의 인기는 하늘을 찌를 듯 높지만 대부분 그 이유를 모른 채 좋아합니다. 현대미술은 열심히 공부하지 않으면 감상하기조차 어려워졌어요.

이론으로 무장하지 않으면 암호처럼 풀기 어려운 현대미술! 과연 현대미술은 왜 이처럼 난해해진 것일까요? 미술은 급속히 발달하는 현대문명처럼 변화를 거듭하고 있는데도 관객의 눈높이는 아직도 과거에 머물러 있기 때문입니다. 관객은 대상을 그럴 듯하게 화폭에 묘사하는 것이 그림이라는 고정관념에서 벗어나지 못하고 있어요. 반면 대다수의 현대미술가들은 사물을 재현하는 것에 집착하면 예술가의 상상력을 제한하기 때문에 모방하는 것을 가능한 피하고 싶어합니다. 즉 관객들이 전통적인 미술을 보는 방식으로 다양한 매체 실험을 거듭하는 현대미술을 보니까 미술이 어렵게 느껴지는 것입니다.

그렇다면 과연 어떻게 해야 미술과 친해질 수 있을까요? 먼저 미술도 다원화되고 최첨단화된 현대문명처럼 다양한 실험을 거듭하고 있다는 점을 인정해야 합니다. 그런 다음 자주 전시장을 찾아 작품에 관련된 정보를 수집하면서 미술에 대한 친밀감을 높입니다. 이렇게 미술에 대한 선입견을 버린 다음 지식을 갖추고 미술을 감상한다면 작품의 숨은 의미를 깨닫고 보석 같은 아름다움을 발견하는 행복을 누리게 될 것입니다.

15. 마네의 〈스페인 가수〉는 아래 그림과 같은 삼각형 구조가 인상적입니다. 이 그림을 통해 삼각형의 넓이는 직사각형 넓이의 반임을 시각적으로 알 수 있습니다. 그렇다면 밑변이 a, 높이가 h인 삼각형의 넓이가 $\frac{1}{2}ah$임을 또 다른 그림을 그려 설명하는 방법은 없을까요?

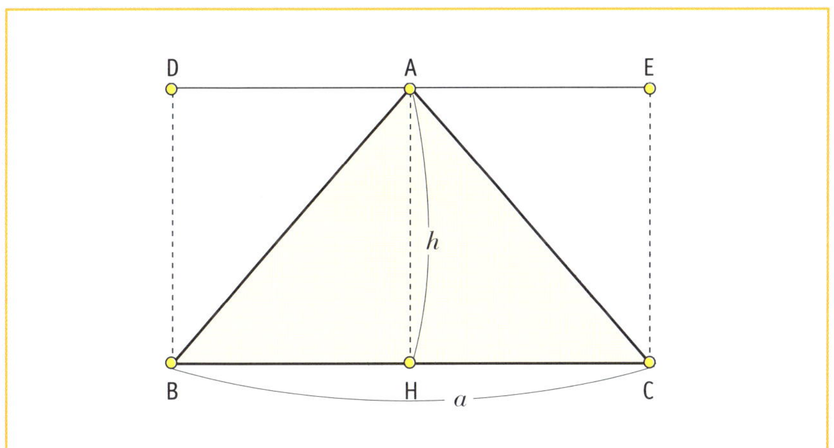

☞ 해답 P. 239

워홀은 대 스타의 갑작스런 죽음에 놀란 사람들이 충격에 빠져 있을 때 그녀의 초상화를 제작하기 시작했어요. 그러나 전통적인 미술 제작 방식이 아닌 그만의 독특한 기법을 사용했어요. 실크스크린 기법을 도입한 것입니다. 실크스크린은 원래 상업용 미술에서 사용된 기법입니다. 상업용 포스터나 활자 인쇄, 장식적 인쇄를 대량생산할 때 쓰이지요. 그런데 워홀은 순수미술가라면 외면하는 실크스크린 기법을 대담하게 미술에 적용해 자신만의 독특한 예술품을 창조한 것입니다.

〈100개의 마릴린〉이 행렬이라면?

앤디 워홀(Andy Warhol, 1928?~1987) | 〈100개의 마릴린〉| 1962
© Andy Warhol | ARS. New York-SACK, Seoul, 2005

미술관을 찾는 관객들 중에 가끔 미술품이 그토록 비싼 이유를 묻는 경우가 있어요. 고흐나 피카소 같은 대가들의 작품은 정말 입이 딱 벌어질 만큼 천문학적인 가격에 거래됩니다. 대체 미술품은 왜 그토록 비쌀까요? 답은 간단해요. 세상에 단 한 점밖에 없기 때문이지요.

그런데 이 같은 미술의 전통을 무시하고 같은 그림을 무려 100개나 반복제작해서 세상을 놀라게 한 화가가 있어요. 바로 팝 아트(Pop Art)의 제왕으로 군림했던 미국의 화가 앤디 워홀입니다.

그렇다면 팝 아트란 과연 무엇일까요? 팝 아트란 예술이 너무 어렵다고 손사래를 치는 관객들을 미술로 유인하기 위해 대중의 눈높이를 겨냥한 미술을 말합니다. 팝 아트 작가들이 대중과 함께 즐기는 미술을 창조하고 싶어 했던 동기가 있어요. 20세기에 접어들면서 미술이 너무 어려워졌기 때문이지요. 미술을 전문적으로 공부한 극소수의 엘리트들만이 미술을 이해할 수 있을 만큼 미술은 난해해졌어요. 당연히 대중들은 골치 아픈 미술을 멀리하고 쉽게 동감할 수 있는 대중문화에 빠져들었습니다. 위기감을 느낀 일련의 예술가들은 일반인들과 친숙한 대중문화를 과감히 순수미술에 접목시켰어요. 그 결과 순수

미술과 상업미술, 고급과 저급, 엘리트와 대중 등으로 금을 그었던 경계가 사라지고 미술의 문턱이 낮아졌어요.

위홀은 팝 아트가 대중들의 사랑을 받을 수 있게 만드는데 가장 커다란 공헌을 한 작가입니다. 위홀의 트레이드 마크는 지금 감상한 마릴린 연작입니다.
마릴린 먼로는 1960년대 활약했던 전설적인 여배우이지요. 아름다운 얼굴과 몸매로 전 세계 영화팬들의 가슴을 설레게 했어요. 그러나 마릴린은 인기절정에서 갑자기 비극적인 죽음을 맞았어요. 아직까지도 정확한 사인은 밝혀지지 않고 있어요. 여러 가지 정황으로 비춰볼 때 자살이 아닐까 추정할 뿐입니다. 하지만 세상을 떠난 후에도 그녀의 인기는 식지 않았어요. 지금도 매력적인 여성 스타하면 마릴린 먼로를 단연 첫 손가락에 꼽는답니다.

위홀은 대 스타의 갑작스런 죽음에 놀란 사람들이 충격에 빠져 있을 때 그녀의 초상화를 제작하기 시작했어요. 그러나 전통적인 미술 제작 방식이 아닌 그만의 독특한 기법을 사용했어요. 실크스크린 기법을 도입한 것입니다. 실크스크린은 원래 상업용 미술에서 사용된 기법입니다. 상업용 포스터나 활자 인쇄, 장식적 인쇄를 대량생산할 때 쓰이지요. 그런데 위홀은 순수미술가라면 외면하는 실크스크린 기법을 대담하게 미술에 적용해 자신만의 독특한 예술품을 창조한 것입니다.
이 그림은 실크스크린 기법을 이용해 대중의 우상인 마릴린 초상화를 대량으로 반복해서 인쇄한 것입니다. 일명 '100개의 마릴린 초상화', 혹은 '마릴린 접개'로 불리기도 하는데요. 각각의 작품은 조금씩 색채의 톤을 달리했지만 미세한 차이를 알아차리기는 어렵습니다. 위홀은 그림을 두 개의 캔버스로 나누어 제작했어요. 한 캔버스는 50개의 마릴린 얼굴을 색채를 사용해 제작했으며 다른 캔버스는 50개의 마릴린을 흑백 실크스크린 기법을 사용했습니다. 그 결과 복제 인간 같은 100명의 마릴린이 탄생한 것이지요.

그는 왜 불멸의 명성을 지닌 마릴린을 끊임없이 반복 재생산한 것일까요? 현대는 소비상품을 대량생산하는 시대입니다. 심지어 대중이 동경하는 수퍼스타들마저 개성을 말살하고 한낱 소비대상으로 전락시킵니다. 워홀은 팝 아트의 교황답게 불멸의 명성을 지닌 마릴린을 무수히 반복 생산되는 일회용품에 비유한 것이지요.

워홀은 이 그림을 통해 세상에 단 한 점뿐인 미술품을 서로 갖겠다고 욕심을 내는 수집가들과 진품에 집착하는 관객들의 얼굴에 통쾌한 한방을 먹인 셈이지요. 이렇게 워홀이 마릴린의 초상화를 반복한 의도를 말씀드렸는데요, 선생님께서 마릴린의 얼굴이 반복되어 배열되는 것을 수학적으로 설명해 주시겠어요?

마릴린의 얼굴이 반복되어 배열되는 것과 유사한 특징이 잘 나타나는 수학적 개념은 바로 행렬인데요, 그럼 이제부터 행렬의 개념으로 워홀의 작품을 살펴보도록 하지요.

먼저 가운데 중심선을 경계로 대상의 배열에 주목하세요. 왼쪽과 오른쪽 직사각형 모양에는 가로, 세로가 각각 5명인 총 25명의 인물이 배열되어 있습니다. 수학에서는 어떤 대상을 직사각형 모양으로 배열한 것을 '행렬'이라고 하며, 그 배열의 대상을 '행렬의 성분'이라고 부릅니다. 행렬의 성분의 가로 배열을 '행'이라 하고, 위로부터 차례로 제 1행, 제 2행,……이라고 부릅니다. 또, 성분의 세로 배열을 '열'이라 하고, 왼쪽부터 차례로 제 1열, 제 2열, ...이라고 합니다. 행의 수가 m개이고, 열의 수가 n개인 행렬은 'm행 n열의 행렬' 또는 '$m \times n$행렬'이라고 하지요. 특히 행의 수와 열의 수가 같은 행렬을 '정사각행렬'이라고 합니다. 넓은 의미에서 생각하면 어떤 대상이나 정보를 직사각형 모양으로 배열한 깃도 행렬이라 부를 수 있습니다.

이런 관점에서 보면 워홀의 <100개의 마릴린>은 마릴린을 성분으로 갖는 행렬인 셈이지요. 왼쪽 행렬을 A, 오른쪽 행렬을 B라 하면 어느 것이나 5행 5열의 행렬이 됩니다. 즉 25개의 성분을 갖는 행렬이 되는 것이지요. 행렬 A의 마릴린 얼굴을 a, 행렬 B의 마릴린 얼굴을 b로 나타내면 그 위치에 따라 행렬 A와 행렬 B는 다음과 같이 표현됩니다.

$$
A = \begin{pmatrix} a_{11} & a_{12} & a_{13} & a_{14} & a_{15} \\ a_{21} & a_{22} & a_{23} & a_{24} & a_{25} \\ a_{31} & a_{32} & a_{33} & a_{34} & a_{35} \\ a_{41} & a_{42} & a_{43} & a_{44} & a_{45} \\ a_{51} & a_{52} & a_{53} & a_{54} & a_{55} \end{pmatrix}, \quad B = \begin{pmatrix} b_{11} & b_{12} & b_{13} & b_{14} & b_{15} \\ b_{21} & b_{22} & b_{23} & b_{24} & b_{25} \\ b_{31} & b_{32} & b_{33} & b_{34} & b_{35} \\ b_{41} & b_{42} & b_{43} & b_{44} & b_{45} \\ b_{51} & b_{52} & b_{53} & b_{54} & b_{55} \end{pmatrix}
$$

각 성분에서 앞 숫자는 행의 번호를 나타내고 뒤 숫자는 열의 번호를 나타냅니다.

만약 워홀의 그림에서 보이는 중심선을 없애고 전체적인 덩어리로 생각하면 이 그림은 성분의 개수가 가로로 열 개, 세로로 다섯 개인 5행 10열의 행렬이 됩니다. 이 행렬을 M이라 하고 마릴린의 얼굴을 m이라 놓으면 그 위치에 따라 행렬 M은 다음과 같이 표현됩니다.

여기서 행의 번호와 열의 번호 사이에 쉼표(,)를 찍은 이유는 행의 번호나 열의 번호가 10 이상이 될 경우 행과 열이 서로 혼동되는 것을 방지하기 위해서입니다. 우리가 흔히 사용하는 컴퓨터의 세계도 행렬로 표현할 수 있는데 그렇다면 영화 <매트릭스, matrix>도 행렬이 지배하는 수학의 세계로 이해할 수 있겠지요. 이렇듯 수학은 워홀이 현대미술에 끼쳤던 영향 못지 않게 우리의 삶에 큰 영향을 끼치고 있으며 이제 수학이 없는 세상은 상상할 수도 없답니다. 이처럼 중요한 수학을 어렵고 까다롭게 생각하기 보다는 즐거운 마음으로 대한다면 미처 발견하지 못한 수학의 재미에 푹 빠질 거예요.

16. 두 행렬 A, B의 행과 열의 수가 같으면 이 두 행렬은 서로 같다고 합니다. 특히 두 행렬 A, B가 서로 같은 꼴의 행렬이고 대응하는 성분이 서로 같을 때, 두 행렬은 같다고 하며, 이것을 기호 $A=B$로 나타냅니다. 그렇다면 다음 등식을 만족하는 x, y, z, w의 값은 어떻게 될까요?

$$\begin{pmatrix} x & 3 \\ 2 & w \end{pmatrix} = \begin{pmatrix} 4 & y \\ z & 1 \end{pmatrix}$$

☞ 해답 P. 239

미로는 동료 초현실주의 화가들 사이에서도 '가장 초현실주의 화가답다.' 는 칭찬을 들을 만큼 자유롭고 상상력이 뛰어난 그림을 그렸어요. 초현실적인 그림을 그리기 위해 독특한 제작방식을 개발하기도 했어요. 신들린 무당처럼 무의식 상태에서 캔버스에 자유롭게 붓질을 했습니다. 미로가 이런 유별난 작업을 한 것은 내면 속에 감쳐 둔 감정이나 생각들을 해방시키기 위해서였습니다.

〈붉은 태양이 거미를 갉아먹다〉와 춤추는 파이(π)?

호안 미로(Joan Miró, 1893~1983) | 〈붉은 태양이 거미를 갉아먹다〉 | 1948

검정색과 강렬한 원색을 사용해 표현한 기호들이 화면을 자유롭게 떠다니고 있어요.특히 눈 모양의 형태와 상형문자, 알파벳 문자를 닮은 형상들은 호기심을 더욱 자극합니다. 그림은 보기만 해도 유쾌하고 즉흥성이 느껴져요. 이는 미로 그림에서만 찾을 수 있는 두드러진 특징입니다. 미로는 자신만의 독특한 화풍을 개발했어요. 지금 보는 것처럼 해와 달, 동물 같은 자연의 형상을 생물체 형태의 추상적 기호로 표현했습니다.

미로뿐 아니라 위대한 화가들은 각자 자신만의 독특한 화법을 자랑하고 있어요. 이를 미술에서는 스타일, 혹은 양식이라고 부르는데요, 이런 양식은 화가가 발명한 일종의 기술 특허라고 볼 수 있겠습니다. 대가들이 독자적인 양식을 개발한 덕분에 미술애호가들은 그림을 한눈에 척 보기만 해도 누구의 그림인지 금세 알 수 있습니다.

미로 그림에서는 또 다른 특징도 찾을 수 있어요. 제목이 한 편의 시처럼 낭만적이라는 점입니다. 예를 들면 '지나가는 백조가 수면 위로 무지개 빛을 만들어 낸 호숫가 옆의 여성' 이라든가 '달팽이의 발광성 흔적을 따라 길을 가는 밤의 사람', '연인들에게 미지의 세계를 알려 주는 아름다운 새' 등을 대표적으로 손꼽을 수 있겠어요.

그는 이런 서정적인 제목을 붙이게 된 배경을 이렇게 설명하고 있어요.

'나는 캔버스 작업을 하면서 한 물체를 다른 물체에 연결해 가면서 제목을 찾는다. 그러다 영감이 떠올라 제목을 찾게 되면 그 제목의 분위기에 푹 젖어 생활한다. 그래서 내게 제목은 100% 현실이 된다.'

실제로 그는 그림을 시와 사랑에 비유했어요. 이 세 가지는 사람들에게 정열을 불러일으키는 원동력이라고 믿었어요. 그것들이 지닌 엄청난 열정은 현실을 잊게 하는 힘을 발휘하기 때문에 누구도 막을 수 없다고 생각했습니다.

미로는 동료 초현실주의 화가들 사이에서도 '가장 초현실주의 화가답다.' 는 칭찬을 들을 만큼 자유롭고 상상력이 뛰어난 그림을 그렸어요. 초현실적인 그림을 그리기 위해 독특한 제작 방식을 개발하기도 했어요. 신들린 무당처럼 무의식 상태에서 캔버스에 자유롭게 붓질을 했습니다. 미로가 이런 유별난 작업을 한 것은 내면 속에 감춰 둔 감정이나 생각들을 해방시키기 위해서였습니다.

미로는 한 걸음 더 나아가 초현실주의 예술가들이 열광했던 자동기술법을 그림에 도입했어요. 자동기술법이란 무아지경 상태에서 그림을 그리는 것을 말합니다. 말 그대로 인위적인 것들을 배제하고 자동적으로 작업을 하는 것이지요. 무의식의 세계에는 추억이나 공포, 욕망 등이 똬리를 틀고 있어요. 이런 감정들은 시간의 흐름에 따라 모습을 바꾸면서 무의식 속에 잠재합니다. 자동기술법은 이런 숨겨진 감정들을 의식 밖으로 드러나게 하는 것이지요.

예를 들어 보겠어요. 초현실주의 화가들은 그림을 의지나 계획대로 하겠다는 생각을 버렸어요. 그림이 잘 진행될까, 혹은 그것이 어떻게 보일까, 내용과 형식은 이렇게 하겠다 등 의식적인 선택을 하지 않았어요. 말 그대로 화가는 그림의 주인이 아니라 무의식이 그리는 그림을 지켜보는 구경꾼 역할을 했습니다. 이른바 백지 상태에서 그림을 그린 것입니다.

초현실주의 화가들은 자동기술법을 개발하기 위해 갖은 방법을 동원했습니다. 화폭 위에 풀을 바르고 모래를 뿌린 다음 표면에 생긴 얼룩을 따라 그림을 그렸어요. 혹은 거친 물체의 표면에 종이를 덮어 연필이나 목탄을 문질러 기이한 무늬를 얻기도 했습니다. 이런 우연한 효과를 노린 것은 화가의 의지를 거부하고 신비한 무의식의 힘을 사용하기 위해서였어요. 미로는 자동기술법의 대가였어요. 의식을 풀어 버리고 고삐 풀린 상상력을 따라갔어요. 자동기술법에 힘입은 그는 본능과 환상으로 이뤄진 경이로운 세계를 화폭에 창조할 수 있었습니다.

이런 미로에 관한 정보를 바탕으로 이 그림을 대하면 감상의 폭이 훨씬 넓고 깊어질 거예요. 그림을 이렇게 해석하면 어떨까요? 햇살이 눈부신 여름 한낮, 이글거리는 태양이 거미가 구석에 몰래 쳐 놓은 거미줄을 환히 비춥니다. 갑작스런 햇살의 침범에 깜짝 놀란 거미는 허둥대며 숨을 곳을 찾아 헤맵니다. 태양은 잔뜩 겁먹은 거미를 놀리려는 듯 거미의 몸체를 집요하게 따라다니며 따가운 햇살을 비춥니다. 미로는 이런 즐거운 상상을 하면서 태양이 거미를 삼키는 그림을 그린 것은 아닐까요? 그의 무의식은 자동적으로 상상력을 작동시켜 이처럼 흥미로운 환영의 세계를 창조한 것입니다.

수학에 관심이 많은 저로서는 미로가 원 모양으로 표현한 눈과 기호들에 눈길이 갑니다. 마치 눈과 기호들이 서커스 공연을 벌이고 있는 듯 해요. 특히 그림 속 기호들은 수학에서 매우 중요하게 사용하는 π(파이)를 많이 닮았습니다. 그렇게 보면 오른쪽에 있는 기호는 두 개의 π가 곡예를 벌이는 것 같아요.

수학에서 쓰이는 π는 원이 갖는 성질 중 하나이지요. 원을 그려 그 지름과 둘레를 재어 보세요. 원둘레(원주)의 길이를 지름의 길이로 나누면 얻어지는 값은 항상 일정한 값이 됩니다. 이 값은 3.14159265358979323846…입니다. 원주율을 나타내는 기호 π는 '원둘레'를 의미하는 그리스어 *περιφερεια* 의 첫 글자입니다. π는 영어의 p에 해당하는 그리스 문자의 하나인 '파이(pi)'의 소문자로 보통 '파이'로 읽힙니다. 기호 π가 널리 사용된 것은 1737년 스위스의 수학자 오일러가 사용하면서부터 원주율을 나타내는 표준기호가 되었습니다. 원주율 π의 값은 끝이 없는 무한 소수로 나타나기 때문에 고대부터 현재까지 정확한 π의 값을 구하려는 노력이 계속되고 있습니다.

자, 여기서 원주율의 역사를 간단히 살펴보기로 하지요. 아르키메데스는 지름이 1인 원에 내접하는 정96각형의 둘레와 외접하는 원의 둘레를 계산하여 $3.140845 < π < 3.142857$임을 알아냈습니다. 중국의 조충지와 그의 아들 조항지는 24576각형을 이용하여 π값으로 3.141592까지 얻었습니다. 그 후 1,500년이 넘어 비로소 독일의 루돌프에 의해 원주율이 소수점 아래 35자리까지 구해졌습니다. 일생을 바쳐 원주율을 계산한 루돌프는 유언으로 '내가 계산한 원주율의 값을 나의 묘비에 새겨달라.'고 부탁했지요. 그래서 독일에서는 원주율을 '루돌프의 수(Ludolphsche zahl)'라고 부른답니다. 영국의 윌리엄 샹크스는 1874년 원주율을 소수점 아래 707자리까지 구했지요. 1946년 페르그손이 탁상용 계산기를 이용하여 발표한 결과에 의하면 샹크스의 계산은 소수점 아래 527자리까지만 맞고 528자리부터는 틀렸다고 합니다. 그러나 인

간이 계산기를 사용하지 않고 손으로 처리한 계산으로는 최고의 기록이지요. 현재는 슈퍼컴퓨터를 이용하여 원주율을 계산합니다.

혹시 'π의 날'에 대해 들어본 적이 있나요? 프랑스의 수학자이자 선교사인 자르투는 3월 14일을 'π의 날'로 제정하기까지 했어요. 3월 14일이 원주율인 3.14와 숫자배열이 같기 때문이라 나요. 이 같은 관례는 유럽이나 미국 등 서유럽에서는 이미 보편화되어 있어 이 날이 되면 π와 관련된 각종 행사를 합니다. 특히 미국의 샌프란시스코에서는 매년 3월 14일 1시 59분에 원주율의 탄생을 축하하는 행사를 진행한다고 합니다. 우리나라의 경우 포항공과대학교가 2001년부터, 서울광신고등학교가 2002년부터 매년 3월 14일에 'π의 날' 행사를 치르고 있답니다.

17. 미로의 그림에서는 원이나 구의 비율을 나타내는 수학적인 기호 모양이 등장합니다. 사람들의 눈동자나 태양을 구라고 가정할 때 계산되는 이 비율은 무엇일까요? 맞습니다. 바로 원주율 π입니다. 원주율 π는 원둘레를 지름으로 나누어 계산한 값으로 원의 크기에 관계없이 일정한 값을 갖지요. 그림에서 볼 수 있듯 원에 내접하는 정육각형의 둘레는 원 지름의 3배가 되며, 원둘레는 정육각형의 둘레보다 약간 더 큰 값, 3.141592⋯가 됩니다. 수학에서는 이 값을 기호 π로 나타냅니다.

자, 그럼 π를 이용하여 원 밖의 한 선분이 만들어내는 도형의 넓이를 계산해 봅시다. 반지름 길이가 4인 원이 있고, 원 밖에 길이가 6인 선분이 있다고 생각해 보세요. 선분의 중점이 원의 둘레에 접하도록 선분을 움직인다면 선분이 그리는 도형의 넓이는 얼마일까요?

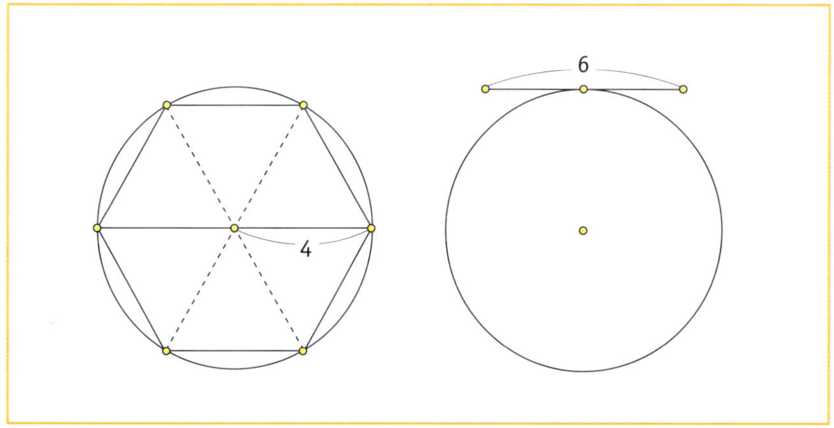

☞ 해답 P. 240

바자렐리는 평행선이나 바둑판 무늬, 동심원 같은 단순하고 반복적인 형태를 화면에 치밀하게 계산해 배치했어요. 아울러 더욱 강렬한 착시 효과를 노려 명도가 같은 보색을 나란히 병렬시켰어요. 색채의 초긴장 상태를 창출하기 위해서입니다. 또 원근법을 이용하기도 했어요. 그 결과 관객은 그림이 움직이는 듯한 착각에 빠지며 특정 부분을 오랫동안 바라볼 수 없게 됩니다. 그림은 생명체처럼 움직이고 뛰어나오며 뒤로 물러서는 듯한 느낌을 줍니다.

〈팔 켓〉의 착시현상을
　　　어떻게 수학으로
그릴 수 있을까요?

바자렐리(Victor Vasarely, 1908~1997) | 〈팔 켓〉 | 1973~1974

현대미술을 감상하다 보면 미술이 정말 빠르게 변하고 있다는 것을 실감할 수 있어요. 상식에 도전하는 그림이 바로 명화가 아닐까 하는 생각마저 드는데요, 이번에 감상할 그림도 상식을 초월한 신선한 충격을 안겨줄 것으로 믿어요.

전통적인 미술에 익숙한 사람들은 옵 아트를 처음 접하면 당혹감과 혼란스런 감정에 빠져듭니다. 이 작품을 '과연 미술로 볼 수 있을까?' 하는 의문이 생기기 때문이지요. 미술이기보다 기하학과 과학의 결합으로 보이는 것이 바로 옵 아트의 특징인데요, 그러나 이런 관객의 색다른 반응을 앞장서서 유도한 것은 바로 옵 아트 작가들입니다. 옵 아트의 대표적인 화가인 바자렐리는 공개적으로 관객에게 시각적 충격을 받을 것을 요구했어요. 한 걸음 더 나아가 그는 자신의 글을 통해 '캔버스 그림의 종말'을 알리기도 했습니다. 바자렐리의 이런 과감한 예술관은 당시 시대 분위기를 거울처럼 반영한 것입니다. 멀미를 앓을 정도로 급속한 기계문명의 발달과 과학의 발전은 예술가들로 하여금 보다 참신하고 혁신적인 미술을 창조하고 싶은 욕구를 불러일으켰으니까요.

지금 보는 그림도 전통적인 미술의 한계를 훌쩍 건너뛰고 싶은 바자렐리의 야망이 강하게 드러나 있습니다. 보라, 파랑, 초록색의 기하학적 형태들이 체스 판의 무늬처럼 정교하게 배치되어 캔버스를 들썩거리게 합니다. 화가는 어떻게 이런 신기한 착시현상을 유도한 것일까요?

바자렐리는 평행선이나 바둑판 무늬, 동심원 같은 단순하고 반복적인 형태를 화면에 치밀하게 계산해 배치했어요. 아울러 더욱 강렬한 착시 효과를 노려 명도가 같은 보색을 나란히 병렬시켰어요. 색채의 초긴장 상태를 창출하기 위해서입니다. 또 원근법을 이용하기도 했어요. 그 결과 관객은 그림이 움직이는 듯한 착각에 빠지며 특정 부분을 오랫동안 바라볼 수 없게 됩니다. 그림은 생명체처럼 움직이고 뛰어나오며 뒤로 물러서는 듯한 느낌을 줍니다.

이런 신기한 현상 때문에 처음 옵 아트가 관객에게 선을 보였을 때 선풍적인 인기를 끌었습니다. 수학에서도 그동안 착시 현상에 관한 연구가 많았던 것으로 아는데요, 착시 효과에 관한 수학이야기가 궁금합니다.

정사각형 모양의 틀 안에 격자무늬 형태로 정돈된 원들이 중심 부분에서 공기를 불어넣은 듯 부풀어지면서 정육면체를 거쳐 결국엔 구(공)가 되는 듯한 착각을 불러일으킵니다.

만약 평면에 살며시 드러난 중앙의 원을 적당히 구부려 늘리거나 줄인다면 정사각형이 만들어지고 이 정사각형을 다시 적당히 잡아당겨 늘리거나 줄이면 원이 만들어질 것 같아요. 이번에는 공간에서 이 그림을 생각해 볼까요? 중

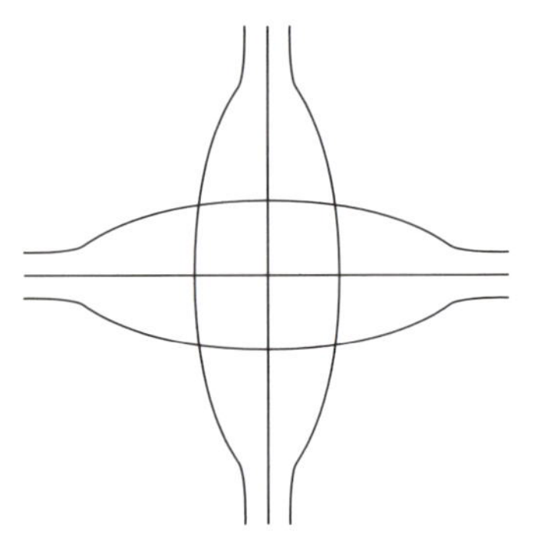

앙에 그려진 정육면체에 구멍을 내거나 끊어내지 않고 적당히 잡아당겨 늘리거나 줄인다면 구로 변형할 수 있고, 마찬가지로 구에 구멍을 내거나 끊어내지 않은 채 적당히 구부려 늘리거나 줄이면 정육면체로 변형할 수 있습니다. 이처럼 정사각형과 원을 같은 것으로 보거나 정육면체와 구를 같은 것으로 보는 수학의 분야가 있습니다. 그것은 바로 위상수학이지요.

그럼 이 그림에서 두드러지게 나타나는 원과 정사각형의 관계에 대해 간단히 살펴보기로 할까요? 그림을 보고 있노라면 평면에 곡면을 구현한 작품, 직선을 곡선으로 변형하는 과정을 느끼게 합니다. 여기서 조금 더 깊게 들어가면 굉장히 재미있는 수학적 관찰을 할 수 있습니다. 그림의 중앙에 가로 중심선과 세로 중심선을 그어 보세요. 어때요, 이 그림이 좌우상하로 대칭임을 쉽게 알 수 있지요. 또한 원의 크기가 중심에서 가장자리로 갈수록 작게 그려지면서 약간 일그러뜨려 입체효과를 내고 있음을 발견할 수 있습니다.

내친김에 같은 크기의 정사각형을 분할하여 같은 크기의 원을 여러 개 배치할 때, 원의 총 둘레와 총 넓이의 변화는 어떻게 되는지 생각해 볼까요? 그림과 같이 가로, 세로의 길이가 12인 정사각형에 내접하는 원을 하나, 넷, 아홉 개로 늘려 보세요. 반지름이 r일 때 원의 둘레는 $2\pi r$이 되고 원의 넓이는 πr^2임을 활용하여 원의 개수, 원의 지름, 원들의 총 둘레, 원들의 총 넓이를 표로 만들어 정리해 보세요. 여기서 한 가지 재미있는 사실을 발견할 수 있어요. 즉 원들의 개수가 늘어나면 원의 둘레나 넓이는 줄어들고 원 전체의 총 둘레는 점점 커지지만 총 넓이에는 변함이 없다는 사실이죠. 따라서 '정사각형 안에 그려진 원은 그 개수에 상관없이 원들의 총 넓이는 일정하다.'는 수학적 결론을 얻을 수 있습니다. 단순하고 반복적인 형태를 화면에 치밀하게 계산해 배치한 바자렐리는 정육면체에서 원의 총 둘레와 총 넓이에 대한 수학적 사실을 이미 터득하고 이 작품을 제작했을 것으로 짐작됩니다.

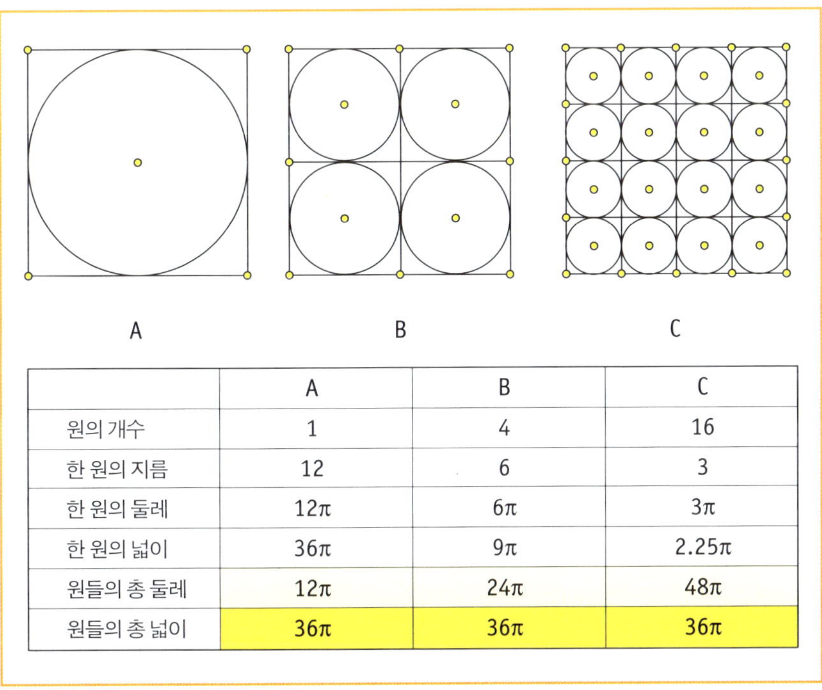

	A	B	C
원의 개수	1	4	16
한 원의 지름	12	6	3
한 원의 둘레	12π	6π	3π
한 원의 넓이	36π	9π	2.25π
원들의 총 둘레	12π	24π	48π
원들의 총 넓이	36π	36π	36π

바자렐리의 그림에서 또 하나의 특이한 점을 발견할 수 있는데 그것은 바로 직선의 배열이 만들어 내는 착시입니다. 두 개의 직선이 있을 때 이것을 세로로 배치할 때는 가로로 배치할 때보다 길이가 길어 보입니다. 바자렐리는 이런 효과를 응용해서 평행한 안쪽의 직선들을 약간 부풀리듯 곡선으로 만들고 바깥쪽으로 갈수록 간격을 좁힘으로써 그려진 도형에 입체감을 불어넣었습니

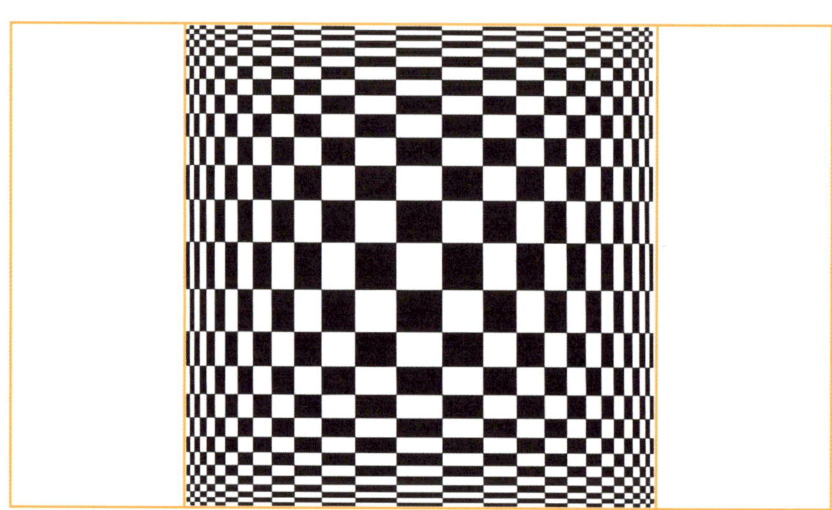

다. 직선만의 배열로 이런 효과를 표현할 수 있다는 것이 신기하지요? 실제로
중심에서 가장자리로 갈수록 평행한 선들의 간격을 줄이면서 체스 판처럼 색
칠해 보세요. 정말 가운데 부분이 볼록 튀어나온 느낌이 들지 않나요?

18. 〈팔 켓〉의 정사각형 무늬와 〈브로드웨이 부기우기〉의 정사각형 무늬들을 보고 있으면 평면 분할에 대한 생각이 떠오릅니다. 세 변의 길이가 각각 3, 4, 5인 직각삼각형의 각 변에 정사각형을 작도하여 그림과 같이 작은 정사각형으로 분할하는 경우, 정사각형 사이에는 어떤 등식이 성립할까요?

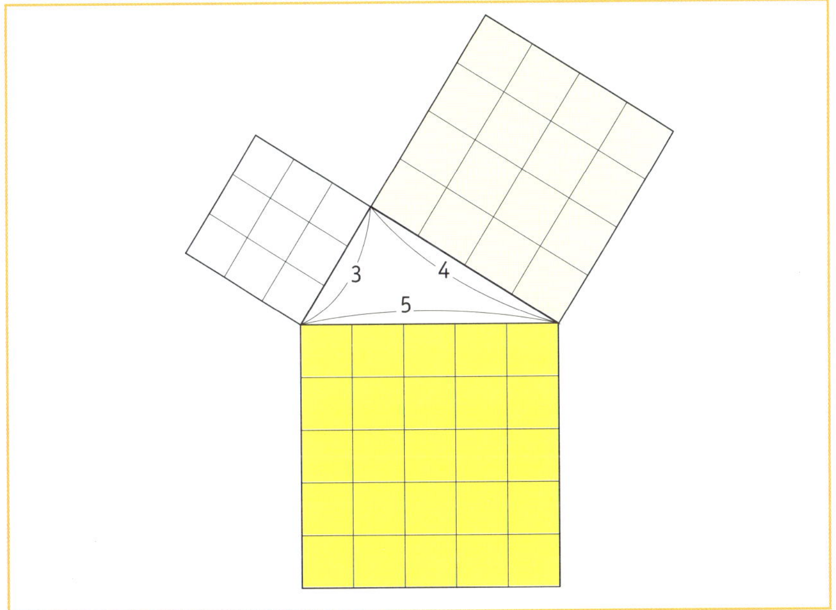

☞ 해답 P. 240

 〈팔 켓〉의 착시현상을 이렇게 수학으로 그릴 수 있을까요?

〈대사들〉은 미술애호가뿐 아니라 다른 분야의 학자들도 흥미를 갖고 있어요. 그것은 이 그림이 16세기 초 유럽의 정치와 경제, 사회, 문화를 담은 인문 교양 서적과 같은 역할을 하기 때문입니다. 특히 수학자와 과학자들이 많은 관심을 보이고 있는데요, 그림을 살펴보면서 그 까닭을 풀어 보기로 해요.

〈대사들〉에 등장하는 지도의
숨은 원리는 무엇일까요?

홀바인(Hans Holbein der Itere, 1465?~1524) | 〈대사들〉 | 1533

바자렐리가 착시 효과를 활용한 움직이는 그림을 개발한 예를 보더라도 미술사를 수놓은 대가들은 한결같이 교양과 지식이 풍부했음을 알 수 있어요. 이번에 소개할 홀바인 역시 학자로 불러도 전혀 손색이 없을 만큼 탁월한 지식을 과시하고 있어요.

<대사들>은 미술애호가뿐 아니라 다른 분야의 학자들도 흥미를 갖고 있어요. 그것은 이 그림이 16세기 초 유럽의 정치와 경제, 사회, 문화를 담은 인문교양 서적과 같은 역할을 하기 때문입니다. 특히 수학자와 과학자들이 많은 관심을 보이고 있는데요, 그림을 살펴보면서 그 까닭을 풀어 보기로 해요.

화면 양쪽에 두 남자가 탁자를 사이에 두고 서 있습니다. 화면 왼편에 화려한 모피 옷을 입은 남자가 그림을 주문한 댕트뷰 대사입니다. 화면 오른편에 역시 사치스런 모피 옷을 입은 남자는 고위 성직자인 셀브입니다. 두 사람은 탁자 위에 놓인 각종 과학기구와 천문학 기구, 악기와 책들을 뽐내듯 관객에게 내보이고 있어요. 이 물건들은 댕튜브가 공들여 모은 수집품들입니다. 댕트뷰는 그림을 통해 보란 듯 자신이 돈과 권력, 학문을 애호하는 실력자임을 알리

고 있어요. 배경을 장식한 호화로운 초록빛 커튼과 탁자를 덮은 화려한 카펫도
두 사람이 부와 명예를 지닌 고귀한 신분임을 암시합니다. 실제로 카펫은 동방
의 오스만 터키제국에서 수입한 값비싼 카펫입니다. 그러나 이 카펫은 오늘날
에는 거의 남아 있지 않아요. 다행히 홀바인이 카펫의 문양을 사진처럼 정밀하
게 묘사했기 때문에 그림을 통해 당시 유행한 이슬람 키펫 문양을 확인할 수
있습니다. 전문가들은 이처럼 희귀한 자료를 연구할 수 있게 해 준 홀바인을
기리기 위해 카펫을 일명 '홀바인 카펫' 으로 부르고 있습니다.

　한편 탁자에는 천구의와 과학기구, 천체를 관측하는 기구들이 책과 함께 놓
여 있어요. 천구의는 과학기구 제작자요, 과학도서를 발행한 요한 쇠너가 만든
최신 제품입니다. 천구의 곁에 놓인 기둥형 해시계와 원통형 해시계도 관객의
눈길을 끕니다. 이런 천문학 기구와 장치들은 하늘을 관측하고 시간과 장소에
관한 정확한 지식을 얻게 해 주는 도구들입니다. 당시 유럽인들이 지구를 항해

하면서 얻은 지식과 정보를 바탕으로 지도를 만들고 지리상의 발견을 중시했다는 사실을 증명하는 물건들이지요.

이제 눈길을 돌려 탁자 아래쪽의 선반을 보겠어요. 베하임이 만든 지구의와 페터아피안스가 발행한 독일어 수학책이 보입니다. 지구의를 주문한 고객은 뉘른베르크 상인들입니다. 그들은 새로운 교역항로를 개척하기 위해 베하임에게 이 지구의를 주문했어요. 지구의는 아주 세밀하게 표시되어 있어 댕트뷰 대사의 고향인 '폴리시'와 그가 외교관으로 파견되었던 지명까지 한눈에 알 수 있습니다. 한편 측량용 직각자가 끼워진 산수책은 독일 출신 천문학자인 페터 아피안의 저서입니다. 기하학과 천문, 항해 등의 지식을 담은 페터 아피안의 책들은 당시 상인들에게 큰 인기를 끌었어요. 특히 산수책은 상인들의 필독서였습니다. 손익을 계산하고, 국제적인 항해와 무역을 확장하는데 없어서는 안 될 책이었기 때문입니다.

홀바인이 천문학 기구와 지구의, 산수책을 화면 중앙에 놓은 것은 국제적인 항해와 교역의 중요성을 강조하기 위한 것이지요. 그런데 지구의 오른편에 줄이 끊어진 류트가 보입니다. 류트 목 밑에는 책이 펼쳐져 있어요. 책은 루터 파 찬송가집입니다. 책은 자세히 묘사되어 있어 악보에 적힌 구절까지도 읽을 수 있어요. 화가는 왜 줄이 끊긴 악기와 찬송가집을 묘사한 것일까요? 바로 구교인 가톨릭과 신교인 루터파 사이의 불화와 갈등을 암시하기 위해서입니다. 그림이 그려진 1533년은 종교개혁이 성공한 후이며 구교와 신교 사이가 더욱 악화되었을 때입니다.

그림에는 또 한 가지 흥미를 끄는 부분이 있어요. 두 대사 발치 사이에 놓인 기다란 타원형 형상이 곧 두개골의 일그러진 모습임을 발견할 수 있습니다. 이 해골은 죽음을 암시한 허무함의 전통적인 상징입니다. 미술에서는 '바니타스'라는 용어로 부르며 '헛되고 헛되다. 지상의 모든 것은 무가치하다.' 라는 뜻을 지니고 있어요. 당시 화가들은 현세의 삶은 무의미하다고 여겼으며, 물질과 육체적 쾌락에 빠지지 말 것을 경고하기 위한 의도에서 '바니타스' 그림을 그렸습니다.

그러나 눈을 씻고 찾아도 해골의 형상이 보이지 않는다고 불평하는 사람들이 많아요. 홀바인이 해골의 형상을 거꾸로 단축시켜 그림 속에 교묘히 숨겼기 때문입니다. 관객이 역 단축법으로 그려진 해골을 보려면 자신의 눈을 단축시켜야 합니다. 이런 방법 이외도 해골의 온전한 모습을 볼 수 있는 비법이 있어요. 그림과 몇 미터 떨어진 곳에서 유리 실린더나 홀바인 시대에 사용되던 음료수 잔을 통해 관찰하면 신기하게도 제대로 된 해골의 형상이 나타납니다. 홀바인이 왜 역단축법을 사용하면서까지 해골을 굳이 감추려고 했는지는 아직까지 밝혀지지 않고 있어요. 혹 그는 인간이 미처 깨닫지 못한 사이에 죽음이 가까이 다가와 있다는 사실을 알리기 위한 것은 아닐까요?

이 그림은 수학적으로도 할 이야기가 많은데요, 일단 그림의 중앙에 수평선과 수직선을 그어 보세요. 그리고 수직선의 왼쪽의 남자와 오른쪽의 남자를 잘 관찰해 보세요. 왼쪽 남자는 오른손에 뭔가를 들고 있는데 오른쪽 남자는 왼손에 뭔가를 들고 있습니다. 그리고 왼쪽 남자는 왼쪽 팔로 기대고 있지만 오른쪽 남자는 오른쪽 팔로 기대고 있습니다. 왼쪽 남자는 다리를 벌리고 있고, 오른쪽의 남자 다리를 모으고 있습니다. 뿐만 아니라 왼쪽 남자의 옷 색은 화려하지만 오른쪽의 남자의 옷 색은 수수함을 알 수 있어요. 마치 거울을 중심으로 마주보는 두 대상을 비교하고 있는 듯 여겨집니다. 홀바인은 거울면의 대칭성을 그림과 교묘하게 결합하여 이 같은 명화를 남긴 것입니다.

이번엔 중심선의 아래 부분에 주목해 봅시다. 시점을 왼쪽 밑에서 오른쪽 위로 비스듬히 따라가다 보면 사선으로 기울어진 해골의 모습을 발견하게 됩니다. 기울어진 해골을 제대로 보려면 어떻게 해야 할까요? 그렇죠, 똑바로 세워야겠지요. 반대로 정상적인 그림을 이 그림처럼 보이게 하려면 몇 도를 기울여야 할까요? 정상적인 그림을 0도에 가깝게 기울이면 바로 이런 모습으로 보이게 됩니다.

다음에는 수평선을 중심으로 살펴보지요. 수평선의 위쪽에는 천문을 읽는 데 필요한 도구들이 보이고 왼쪽에는 사분의는 물론 원판모양의 고도나 방위각을 측정하는 도구들이 보입니다. 수평선의 아래쪽엔 지구의와 반구 모양의 악기가 보입니다. 관장님의 말씀대로 교역이 발달하면서 하늘과 땅에 대한 정

밀한 측정이 필요해졌고 그런 요구들이 그림에도 드러난 결과로 볼 수 있는데요, 1722년 독일의 수학자 람베르트는 지구를 원뿔에 투영시켜 펼침으로써 지구의 평면지도를 얻어냈어요. 등각원뿔투영법이라고 불리는 이 방법은 현재까지도 사용하고 있습니다. 지구를 구로 가정하고 구를 평면, 원기둥, 원뿔을 이용하여 투영시키면 평면투영법, 원기둥투영법, 원뿔투영법이라 불리는 각각의 지도를 얻을 수 있어요.

지구를 구라고 가정하고 구면 위에 삼각형을 그리면 평면 위에 그린 삼각형(세 내각의 합이 180도이다)과는 달리 세 내각의 합은 180도보다 큽니다. 1799년 프랑스의 수학자 르장드르는 '구면에서 삼각형의 합이 180도를 넘는 정도에 따른 삼각형의 변들에 대한 식'을 세웠습니다. 미적분학을 응용하면서 왜곡의 정도를 수식으로 정의할 수 있게 된 것이지요. 구면에 접하는 면 위의 지점과 구면 위의 지점이 일대일로 대응되어야 하므로 수학적으로는 일대일 대응을 나타내는 수식을 찾아내면 되지요. 그런데 지구는 구면이 아니므로 약간의 오차가 따를 수밖에 없습니다.

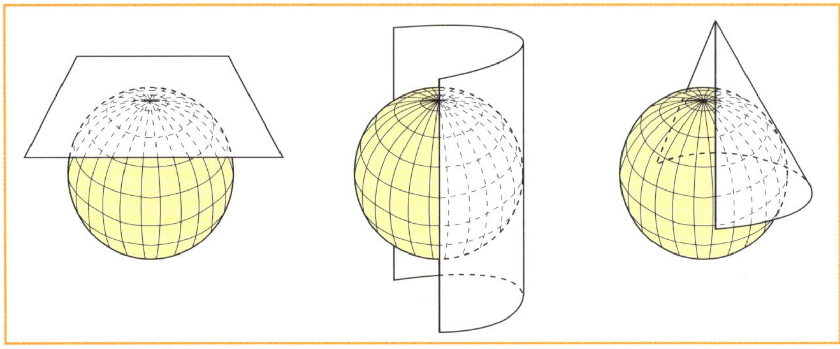

　관장님, 수학과는 거리가 있지만 궁금한 점이 있어 묻습니다. 홀바인은 초상화에 어떤 내용을 담으려 했던 것일까요? 더불어 홀바인의 작품과 비슷한 또 다른 작가의 그림이 있다면 소개를 부탁드립니다.

　화가는 값비싼 과학기구와 사치스런 소비품, 찬송가 등을 등장시켜 지리상의 발견을 둘러싼 국가 간의 치열한 경쟁과 정치적 분쟁, 강렬한 소비주의를 말하고 있어요. 아울러 권력과 부를 추구한 인간의 욕망이 한낱 물거품임을 알리고 있습니다. 그러나 새로운 세계를 알고 싶은 인간의 욕망을 막을 수는 없지요. 사람들은 위험을 무릅쓰고 육지로, 바다로 나갔어요. 이처럼 미지의 땅을 개척하고 교역을 독점하기 위해 탐험심과 모험심을 불태웠던 인간의 야망은 '베르메르'의 <지리학자, 1669>에도 확인할 수 있습니다.

한 남자가 허공을 응시하며 무언가를 골똘히 생각하고 있어요. 창문으로 스며든 부드러운 빛이 연구에 한창 몰입한 남자의 모습을 비춥니다. 이 남자는 지리학자입니다. 그는 컴퍼스를 들고 연구에 몰두하던 중 문득 눈길을 들어 생각을 정리하는 것이지요.

베르메르는 '빛의 마술사'라는 찬사에 걸맞게 빛과 어둠을 절묘하게 사용해 인물을 그렸어요. 학자의 날카로운 콧날을 중심으로 한쪽 얼굴 면은 밝게, 다른 면은 어둡게 묘사했습니다. 이런 극적인 명암 대비가 학자의 표정을 더욱 학구적이며 진지하게 만들지요.

흥미로운 것은 은밀한 실내와 여성의 섬세한 심리 표현에 발군인 베르메르가 이례적으로 남자를 주인공으로 등장시킨 점입니다. 그것도 연구에 몰두한 학자를 그렸어요. 그는 왜 난데없는 지리학자에 관심을 기울인 것일까요? 당시 지리를 숭상하던 시대 분위기를 반영한 것입니다. 배경의 가구 위에 놓인 커다란 지구의를 보세요. 베르메르는 기구의 소중함을 부각시키기 위해 지구의가 빛을 받아 투명하게 반짝이도록 연출했습니다.

　〈대사들〉에 등장하는 지도의 숨은 원리는 무엇일까요?

이렇게 지구의를 돋보이게 한 것은 17세기 네덜란드인들이 지리에 관심이 많았음을 강조하기 위해서입니다. 네덜란드가 유럽의 최강대국 중의 하나가 될 수 있었던 것은 오직 상업 덕분이었어요. 작은 영토에 자원마저 부족한 네덜란드가 그토록 많은 부를 축적할 수 있었던 것은 다른 나라에 문호를 개방했기 때문입니다. 네덜란드 상인들은 세계를 안방처럼 드나들었어요. 유럽산 물건을 아시아에 팔고 아시아산 제품을 유럽에 되파는 방식으로 지구 곳곳을 돌아다닌 결과 놀라운 속도로 경제가 급성장했습니다.

무역업으로 떼돈을 번 네덜란드인들은 새로운 땅을 찾기 위한 방안으로 지리에 열중했어요. 해상무역의 중요성을 새삼 깨닫게 되면서 지구의와 지도 제작, 지도책의 보급에도 지대한 관심을 기울였습니다. 암스테르담의 예를 들면 시가 발 벗고 나서 목판에 지도를 새겨 인쇄한 판각지도를 발행할 만큼 지도를 중요하게 여겼어요. 지도는 애국심에 불타고 역사에 관한 지식에 목마른 네덜란드인들을 하나로 뭉치게 한 강력한 매개체였던 것이지요. 당시 지도에 대한 열정이 얼마나 강했으면 중산층까지 앞다투어 벽걸이 지도를 사서 실내를 장식했겠습니까. 베르메르 그림에 유난히 지도가 많이 등장한 것도 지리와 상업을 중시한 시대 분위기를 반영한 것입니다. 선생님은 이 그림을 보면서 지리학자가 어떤 생각에 잠겨있을 것이라고 생각하세요?

그 당시 항해는 경제와 상업에 관련해서 아주 중요한 역할을 담당했기 때문에 각과 거리를 측정하는 것이 무엇보다도 우선했죠. 따라서 <지리학자> 그

베르메르 (Jan Vermeer van Delft, 1632~1675) | 〈지리학자〉 | 1669

   〈대사들〉에 등장하는 지도의 숨은 원리는 무엇일까요?

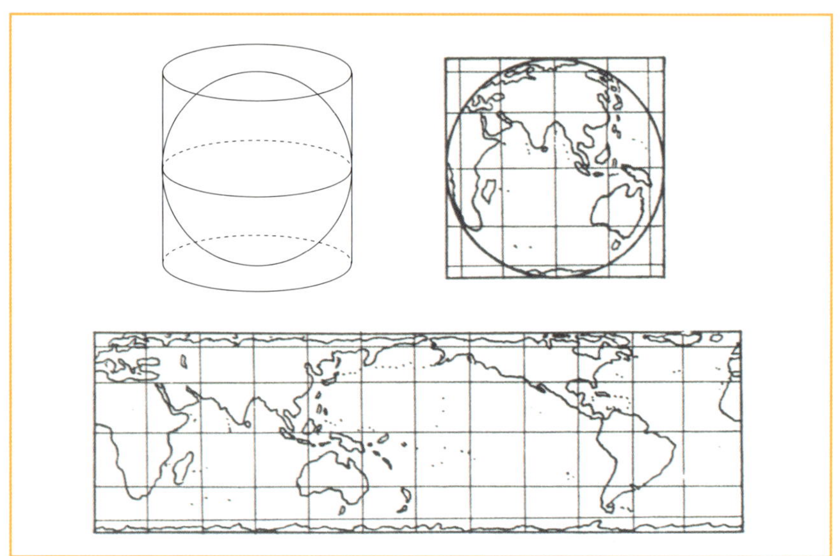

림의 상단에 보이는 사분의와 같은 기구를 통해 실제 거리와 경도에 대한 정확한 계산을 해야 했습니다. 왜냐하면 이 같은 치밀한 수학적 계산이 항해 시간을 단축하는데 큰 효과를 가져왔기 때문입니다. 그런데 구면은 수학에서도 아주 독특한 도형이지요. 원을 회전시키면 구가 된다는 식으로 간단하게 생각할 수도 있지만 구는 전개도를 만들 수가 없는 도형입니다. 따라서 수학자들도 구면 위에서 무엇인가를 생각할 때 여간 난처해하지 않을 수 없습니다.

그렇다면 좀 더 쉽게 구면을 생각하기 위해 유리 모양으로 된 원기둥에 공이 접해 있다고 상상해 봅시다. 공의 중심에서 화살을 쏠 수 있다면 화살이 공의 표면을 뚫고 원기둥 표면에 꽂히게 되겠지요. 결국 공의 표면 위의 점과 원기둥 위의 점이 1:1로 대응하게 되는 셈입니다. 이런 방법으로 공 위의 위치관계를 원기둥면 위로 1:1 대응시키면 좀 더 쉽게 구면을 다룰 수 있게 되겠지요. 만약 지구를 구로 가정하고 원기둥면 위에 가로 방향, 세로 방향으로 여러 개의 직선이 격자로 그어져 있다고 가정해 보지요. 구면을 둘러싸고 있던 원기둥을 펼치면 원기둥면은 직사각형이 됩니다. 결국 구면 위의 지점과 평면의 지점이 일대일로 대응하는 셈이 되겠지요.

19. 지구를 구라 가정하면 평면, 원기둥, 원뿔을 이용하여 지도를 제작할 수 있습니다. 원뿔과 원기둥을 평면으로 자른다고 가정할 때 어떻게 잘라야 잘린 면이 원, 타원, 포물선이 될까요?

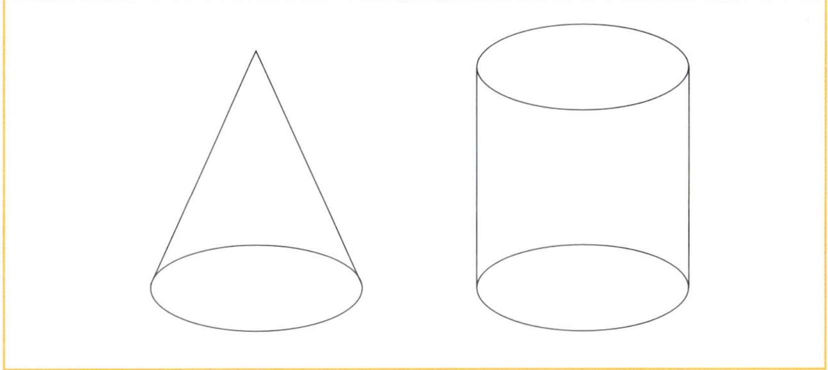

☞ 해답 P. 241

　〈대사들〉에 등장하는 지도의 숨은 원리는 무엇일까요?

그는 예술가의 자유로운 창조력과 원의 특성을 닮은꼴로 생각한 것
이지요. 칸딘스키는 단순한 도형만으로 더없이 아름다운 그림을 창
조했어요. 그가 원을 활용해 이처럼 황홀한 그림을 창조한 비결은 무
엇일까요? 그것은 원의 변주를 통해 화면에 다양한 변화를 시도했기
때문입니다. 그는 원들을 서로 겹치고, 반복하기도 하고, 크기도 다
르게 해서 화면에 배치했어요. 또한 원들의 색채와 명도에도 변화를
주었어요. 그 결과 화면에 통일성과 생동감이 주어지고, 심지어 원근
감마저 나타나게 되었어요.

〈여러 개의 원〉으로 생각하는 원들의 균형은?

칸딘스키(Wassily Kandinsky, 1866~1944) | 〈여러 개의 원〉 | 1926

앞서 홀바인은 호기심과 모험심에 불탄 인간들이 새로운 세상을 개척하기 위해 지도를 발명했다는 흥미로운 사실을 전해주었어요. 이번에는 밖으로 향한 눈길을 안으로 돌려 내면의 세계를 개척할 순서입니다.

대다수의 관객들은 현대미술은 난해하다는 선입견을 갖고 있어요. 특히 추상미술에 대해서는 두려움에 가까운 감정을 갖고 있습니다. 따라서 칸딘스키가 추상화를 개척했다는 사실을 알면 은근히 그를 싫어하는 사람이 많을 것 같아요.

그렇다면 그는 왜 추상화를 창안했으며, 추상화는 왜 그토록 어렵게 느껴지는 것일까요? 바로 관객들은 그림을 감상하면서 무의식적으로 형상을 찾기 때문입니다. 가령 그림을 볼 때 습관적으로 산이나 집, 인물, 꽃 등 자신이 익숙하게 알고 있는 사물들을 발견하려고 합니다. 그런데 구체적인 형상이 보이지 않으면 관객은 불안해집니다. 우리가 낯선 고장에 갔을 때 느끼는 낯가림과 비슷한 감정이 드는 것이지요.

관객이 그림을 감상할 때 습관적으로 구체적인 대상을 찾는 이유는 그림은 대상을 닮게 그려야 한다는 선입견을 갖고 있기 때문입니다. 20세기 이전의 화가들은 그런 사람들의 심정을 잘 알고 있었기에 대상을 똑같이 묘사하는 것에 전 생애를 걸었습니다. 국화빵처럼 닮게 그리기 위해 밤새워 원근법과 해부학, 명암법을 연구했어요. 그런데 막강한 경쟁자인 사진기가 발명되면서 화가들은 미술의 목표를 잃게 되었어요. 위기감을 느낀 화가들은 대책을 강구했습니다. 사진이 경쟁할 수 없는 비법들을 연달아 개발한 것이지요. 그런 한편 새로운 실험을 하는 도중에 깨달음도 얻었어요. 그림의 내용이나 주제보다 선과 형태와 색채, 질감 등 미술의 형식이 더 중요하다고 생각한 것입니다. 추상화가 싹트게 된 배경은 이처럼 화가들이 그림의 내용에 집착하지 않고 순수한 조형미에 눈을 뜬 결과입니다.

이 그림을 보면 추상화가 발생한 의미를 보다 확실하게 이해할 수 있어요. 크고 작은 다양한 원들이 허공을 부유합니다. 칠흑 같은 어둠을 배경으로 경쾌하게 떠다니는 원들은 마치 비누방울처럼 보입니다. 입김을 훅 불어넣으면 저 먼 우주까지 두둥실 날아갈 것 같습니다. 칸딘스키의 그림을 보면 이처럼 원이 자주 등장합니다. 그는 원에 무척 관심이 많았어요. 칸딘스키는 원에 매혹된 까닭을 저서 <회상>에서 이렇게 밝히고 있어요.

'나는 원에 호감을 갖고 있다. 그것은 원이 가진 강한 내면의 에너지와 가능성 때문이다.'

그는 예술가의 자유로운 창조력과 원의 특성을 닮은꼴로 생각한 것이지요. 칸딘스키는 단순한 도형만으로 더없이 아름다운 그림을 창조했어요. 그가 원을 활용해 이처럼 황홀한 그림을 창조한 비결은 무엇일까요? 그것은 원의 변주를 통해 화면에 다양한 변화를 시도했기 때문입니다. 그는 원들을 서로 겹치고, 반복하기도 하고, 크기도 다르게 해서 화면에 배치했어요. 또한 원들의 색채와 명도에도 변화를 주었어요. 그 결과 화면에 통일성과 생동감이 주어지고,

심지어 원근감마저 나타나게 되었어요.

그는 선과 형태와 색채만으로 화가의 생각과 감정을 표현할 수 있다는 자신의 이론을 입증했습니다. 이처럼 대상을 화면에 똑같이 옮기는 것에 집착하지 않으면 내면의 눈이 떠지면서 추상화의 진정한 아름다움을 체험하게 된답니다.

이 그림은 태양을 중심으로 움직이는 아름다운 행성들을 한 곳에 그러모은 것같이 보이다가도 일순간 비눗방울을 날려 보내던 어린 시절의 추억을 떠올리게 합니다. 이제 이 작품을 수학적으로 감상해 볼까요? 칸딘스키의 그림처

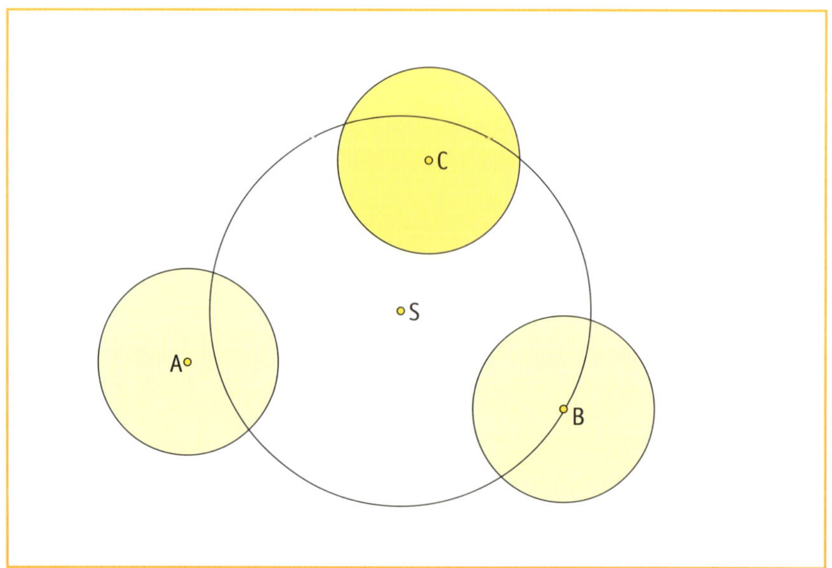

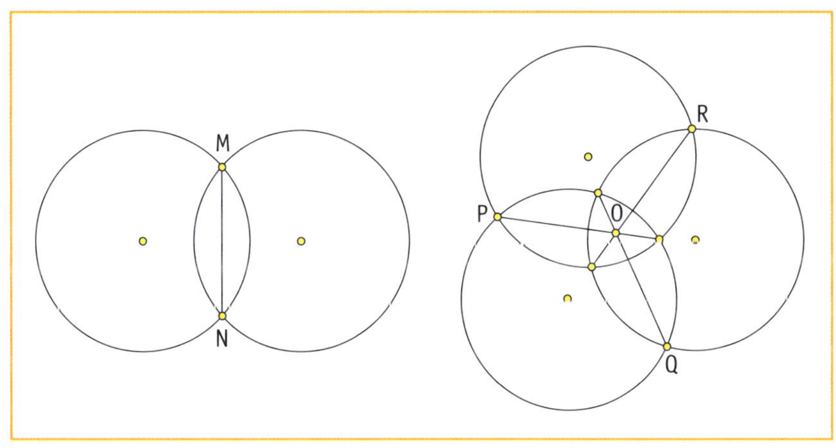

럼 평면에서 원들이 만나는 경우를 생각해 보지요. 먼저 큰 원(S) 한 개를 하나 그려 보세요. 여기에 같은 크기의 원 세 개를 그린다고 생각해 보면, 큰 원 밖에 중심을 둔 원(A), 큰 원 둘레에 중심을 둔 원(B), 큰 원 안에 중심을 둔 원(C)과 같은 경우를 생각할 수 있습니다. 큰 원과 겹치는 부분이 많은 원부터 차례대로 나열하면 C, B, A의 순서가 되지요. 여기서 큰 원과 겹치는 부분이 가장 많으려면 큰 원의 중심에 제일 가까이 있어야 한다는 사실을 자연스럽게 이해하게 됩니다. 칸딘스키는 <여러 개의 원>이라는 그림 속에 원들의 위치 관계를 적절히 활용하여 그림에 균형과 긴장을 표현했다는 점에서 훌륭한 수학자로 불려도 좋을 것 같군요.

이제 크기가 같은 원들이 두 개, 세 개 만나 균형을 이루는 경우를 살펴보겠습니다. 크기가 같은 두 원이 두 점 M, N에서 만날 경우, 선분 MN이 이루는 각은 180도이므로 두 원은 180도로 만나는 셈이지요. 또 다른 경우로 같은 크기의 세 원 중 어느 두 원이나 서로 다른 두 점에서 만나는 경우를 생각할 수 있습니다. 각 원의 교점을 연결하여 세 선분이 한 점 O에서 만나 균형을 이루는 경우, 만들어지는 각 POQ, 각 QOR, 각 ROP는 모두 같게 됩니다. 즉 360÷3=120도가 됩니다.

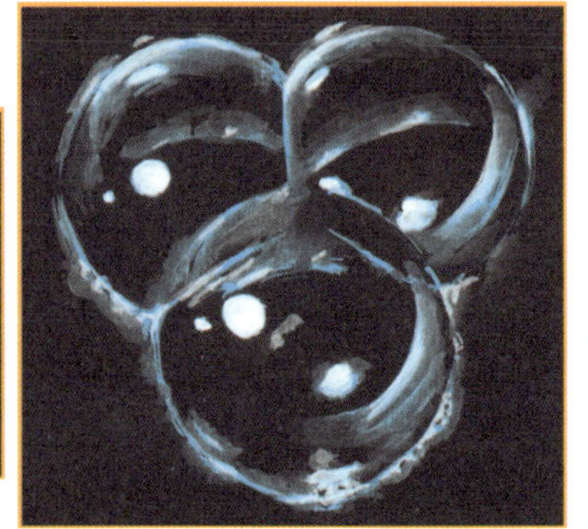

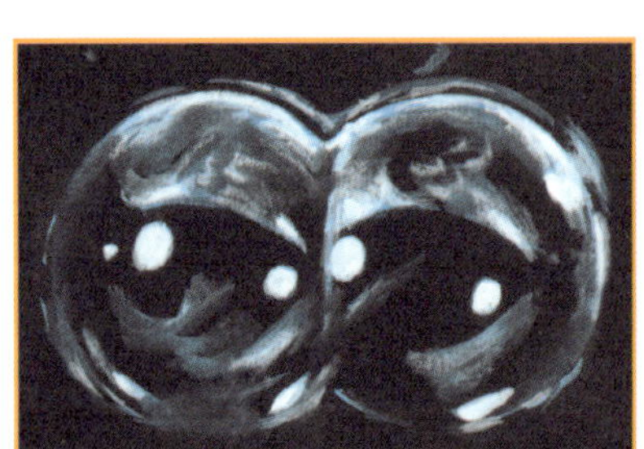
180도로 만난 두 개의 비누방울

120도로 만난 세 개의 비누방울

그렇다면 공간에서 구와 구가 만나는 경우 어떤 일이 생길까요? 비누방울을 예로 들어 살펴보지요. 같은 크기의 비누방울이 만나면 두 비누방울 사이에는 겹치는 부분이 생깁니다. 평면에서 원들이 만났을 때와 마찬가지로 크기가 같은 두 개의 비누방울은 180도로 만나고 크기가 같은 세 개의 비누방울은 120도로 만나 안정적인 상태를 유지합니다. 약 1.3cm 정도 간격의 두 유리판 사이에 같은 크기의 비누거품을 만들면 120도의 각을 이루며 한 점에서 두 비누거품이 만납니다. 또한 벌집 모양의 정육각형 구조도 만들어집니다. 칸딘스키가 남긴 그림 속 원들이 비누방울들이라면 어떤 모양으로 그려질지 상상해 보세요. 머릿속에 색다른 그림들이 그려지지 않나요?

추측하기

20. 칸딘스키의 〈여러 개의 원〉에는 원들이 서로 만나거나 떨어져 있기도 합니다. 여러 가지 경우 중 크기가 서로 다른 두 원이 서로 다른 두 점에서 만날 때를 생각해 봅시다. 큰 원의 반지름이 4이고, 작은 원의 반지름이 3일 때 서로 겹치지 않은 부분의 넓이 차를 구해 보세요.

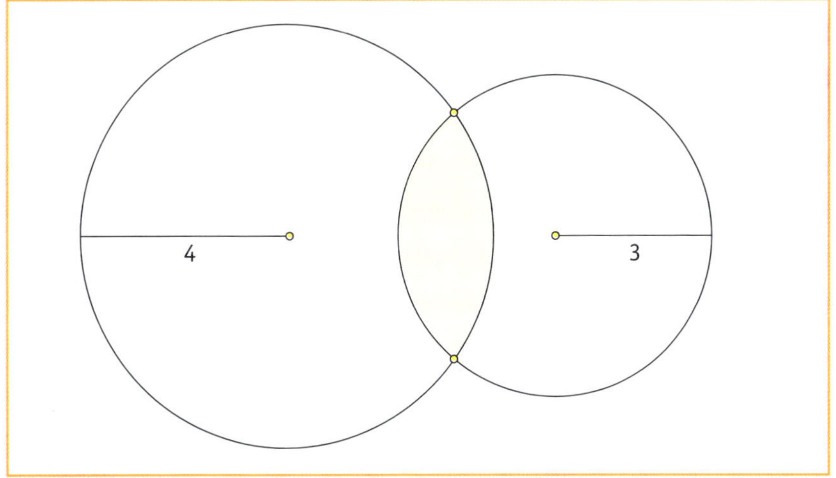

☞ 해답 P. 241

1-1. 낙서에서 검은 점의 수는 짝수이고 흰 점의 수는 홀수이지요. 각 점의 개수를 숫자로 나타내어 정사각형 안에 배열하면 가로, 세로, 대각선에 위치한 수들의 합이 어느 것이나 15가 되는 신기한 마방진을 얻을 수 있답니다.

4	9	2
3	5	7
8	1	6

1-2. 그림에 등장하는 인물들 중 씨름선수 말고 누가 또 신발을 벗고 있는지 잘 살펴보세요. 그림 위 왼쪽을 보면 신발 한 켤레가 보이지요. 이 두 씨름선수 중 승자와 싸우게 될 다음 씨름선수는 그 옆에 버선발로 있는 사람이 되겠지요. 이 같은 논리적인 추측까지 그림에 그려 넣은 김홍도는 대단한 발상가임에 틀림없겠지요.

2. 사고의 전환이 필요합니다. 평면에서 이리 저리 성냥개비를 배열해 보아도 이 문제는 쉽게 해결되지 않습니다. 공간을 생각하면 어떨까요? 정삼각형 네 개로 이루어진 입체도형인 정사면체를 떠올려 보세요. 정사면체는 모서리가 여섯 개이지요. 이 모서리를 성냥개비로 대신하면 쉽게 정삼각형 네 개를 만들 수 있답니다.

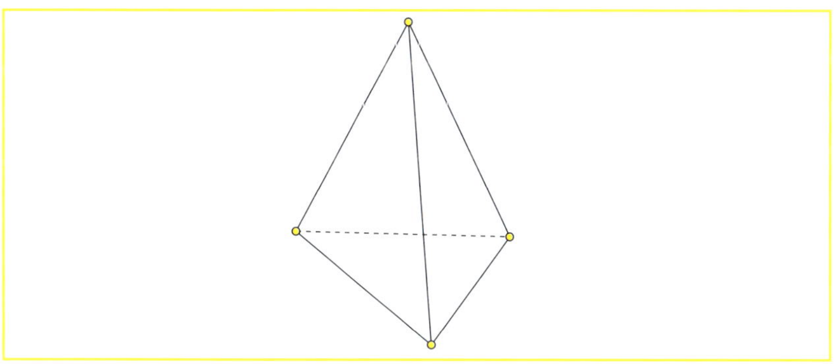

3. 4배가 됩니다. 삼각형의 중점을 잡아 서로 연결하면 삼각형 안에 처음 삼각형이 네 개 그려짐을 알 수 있습니다.

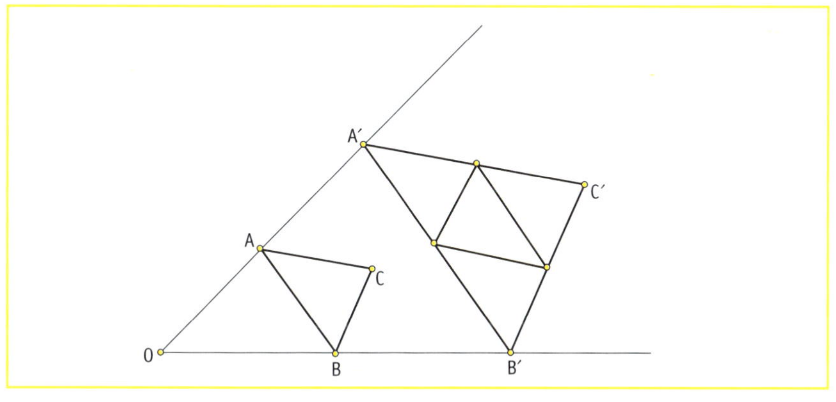

4. 동전 한 개를 한 번 던졌을 때 앞면이 나오는 경우를 H, 뒷면이 나오는 경우를 T라고 하면 한 동전을 세 번 던진 결과는 다음과 같이 나타낼 수 있습니다.
앞면이 나오지 않을 경우 : TTT

앞면이 한 번 나오는 경우 : HTT, THT, TTH

앞면이 두 번 나오는 경우 : HHT, HTH, THH

앞면이 세 번 나오는 경우 : HHH

동전을 세 번 던져 나올 수 있는 모든 경우의 수는 여덟 가지이므로 앞면이 나오지 않거나, 한 번, 두 번, 세 번 나올 확률은 각각 $\frac{1}{8}, \frac{3}{8}, \frac{3}{8}, \frac{1}{8}$ (소수로 나타내면 0.125, 0.375, 0.375, 0.125)입니다.

5. 원뿔의 반지름과는 상관없이 높이가 같으면 원뿔 면 위에 그려지는 밑면과 같은 각을 갖는 나선의 길이는 같습니다. 예를 들어 A에서 출발한 나선이 수평면과 30도의 각을 이루며 원뿔 면 위를 이동한다고 가정합시다. 그림에서 볼 수 있듯 나선의 길이는 직각삼각형 ABC의 빗변 AC의 길이와 같습니다. 이 그림은 정삼각형의 반쪽에 해당하므로 정삼각형의 한 변의 길이는 변 BC 길이의 두 배가 됩니다. 이때 변 BC 길이를 2로 보면 정삼각형의 한 변의 길이는 2×2 = 4가 됩니다. 빗변 AC는 정삼각형의 한 변과 같으므로 그 길이가 4가 되겠지요. 결국 나선의 길이를 구하는데 원뿔의 밑면은 고려할 필요가 없습니다. 이런 사실을 알아채고 이 문제를 해결했다면 당신의 수학감각은 상당히 뛰어난 것입니다.

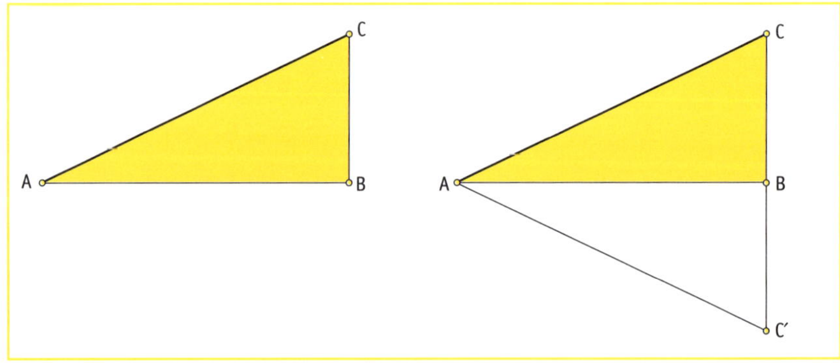

6-1. 평면 위에 세 점 A, B, C를 꼭지점으로 하는 삼각형 ABC를 그려 삼각형의 세 변 AB, BC, CA의 중점을 잡아 마주 보는 꼭지점과 선분으로 연결하면 한 점에서 만납니다. 이 점을 G라 하면 삼각형 ABC의 무게중심이 됩니다. 실제로 세 개의 작은 삼

각형 GAB, GBC, GCA는 모두 넓이가 전체넓이의 3분의 1이 됩니다. 무게가 균형을 이루는 점이 바로 G인 셈이지요.

평면에서 삼각형 ABC의 세 꼭지점 A, B, C를 A(a, x), B(b, y), C(c, z)로 나타내어 삼각형 ABC의 무게중심 G의 좌표를 구하면 $G(\frac{a+b+c}{3}, \frac{x+y+z}{3})$가 됩니다. 이렇듯 G는 세 점 A, B, C의 무게중심이자 수학적인 평균점이 되는 것이지요.

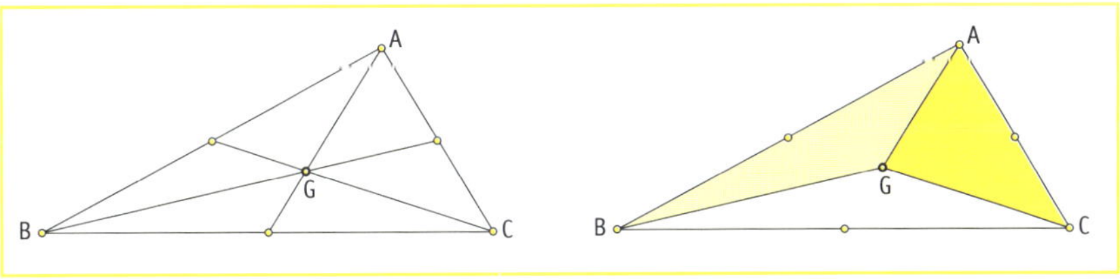

6-2.
다음 표와 같이 1g부터 31g까지 모두 31가지 무게의 종류가 가능합니다.

무게(g)	필요한 분동의 종류(g)	필요한 분동의 개수(개)	무게(g)	필요한 분동의 종류(g)	필요한 분동의 개수(개)
1	1	1	17	1, 16	2
2	2	1	18	2, 16	2
3	1, 2	2	19	1, 2, 16	3
4	4	1	20	4, 16	2
5	1, 4	2	21	1, 4, 16	3
6	2, 4	2	22	2, 4, 16	3
7	1, 2, 4	3	23	1, 2, 4, 16	4
8	8	1	24	8, 16	2
9	1, 8	2	25	1, 8, 16	3
10	2, 8	2	26	2, 8, 16	3
11	1, 2, 8	3	27	1, 2, 8, 16	4
12	4, 8	2	28	4, 8, 16	3
13	1, 4, 8	3	29	1, 4, 8, 16	4
14	2, 4, 8	3	30	2, 4, 8, 16	4
15	1, 2, 4, 8	4	31	1, 2, 4, 8, 16	5
16	16	1			

7-1.

큰 정사각형 넓이의 반이 됩니다. 큰 정사각형의 넓이가 $4 \times 4 = 16$이므로 작은 정사각형의 넓이는 8이 되겠지요. 아래 그림과 같이 작은 정사각형의 꼭지점을 원둘레를 따라 회전시키면 작은 정사각형이 큰 정사각형에 내접하게 됩니다. 작은 정사각형 넓이가 큰 정사각형 넓이의 반임을 그림에서도 잘 알 수 있습니다.

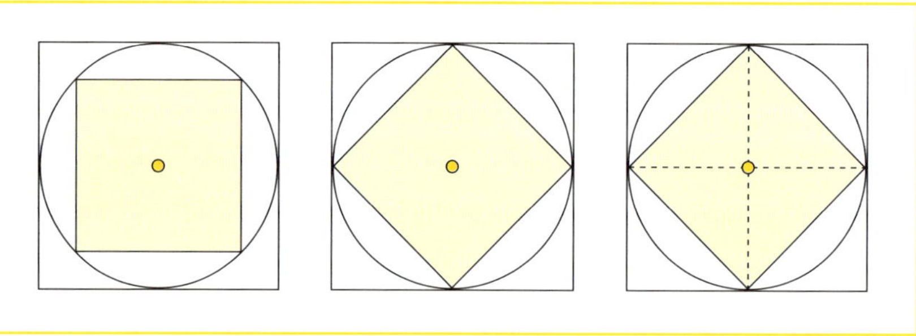

7-2.

100입니다. 점들을 수로 표현하면 1, 4, 9, 16입니다. 주어진 점들은 자연수들의 제곱을 나타내고 있는 것이지요. 따라서 10번째 수는 10의 제곱인 100이 되겠지요.

또 다른 방법으로 정답을 생각할 수도 있습니다. 주어진 점들을 수들의 덧셈을 이용하여 표현하면 1, 1+3, 1+3+5, 1+3+5+7이지요. 따라서 10번째 수는 홀수 1, 3, 5, 7, 9, 11, 13, 15, 17, 19의 합과 같습니다.

즉 $(1+19)+(3+17)+(5+15)+(7+13)+(9+11) = 20 \times 5 = 100$이 되겠지요.

8.

28입니다. 28의 양의 약수는 1, 2, 4, 7, 14, 28이고 28을 뺀 나머지 수 1, 2, 4, 7, 14를 모두 더하면 28이 됩니다.

9. 그림과 같이 평면이라면 모두 다섯 가지의 방법이 가능합니다. 하지만 회전을 고려하여 꼭지점이 겹치는 것을 생각하면 한 가지 방법으로 볼 수 있습니다.

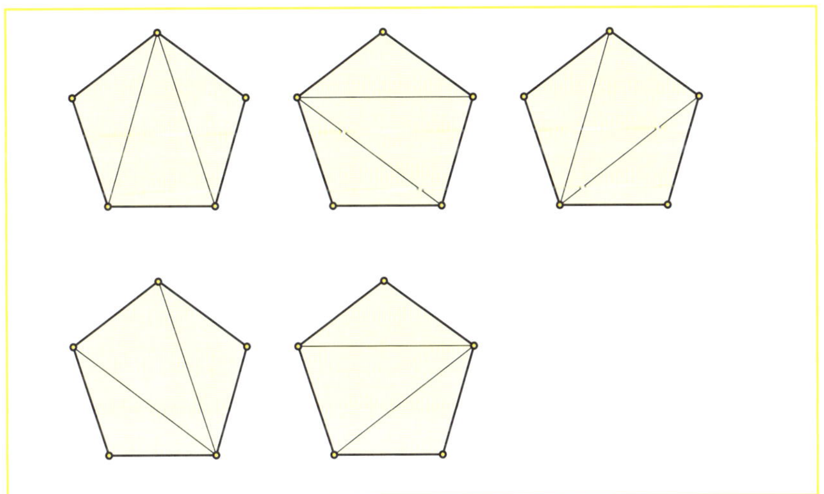

10. 세 입체도형 원뿔, 구, 원기둥의 부피의 비 A : B : C는 1 : 2 : 3입니다. 실험 장치를 만들어 확인할 수 있지만 여기서는 직접 계산을 통해 확인하도록 하지요.

반지름의 길이가 r인 원뿔의 부피를 A, 반지름의 길이가 r인 구의 부피를 B, 반지름의 길이가 r인 원기둥의 부피를 C라고 하면,

$$A = \frac{1}{3} \times \pi r^2 \times 2r = \frac{2}{3}\pi r^3, \quad B = \frac{4}{3} \times \pi r^3 = \frac{4}{3}\pi r^3, \quad C = \pi r^2 \times 2r = \frac{6}{3}\pi r^3 \text{ 이므로}$$

A : B : C = 2 : 4 : 6 = 1 : 2 : 3이 되는 것이지요.

11. 오후 1시, 오후 4시, 오후 7시, 오후 10시입니다. 1부터 24까지의 자연수 중 12보다 큰 수들인 13, 14, 15, 16, 17, 18, 19, 20, 21, 22, 23, 24에 12를 빼면 각각 1, 2, 3, 4, 5, 6, 7, 8, 9, 10, 11, 12가 됩니다. 따라서 13시는 오후 1시, 16시는 오후 4시, 19시는 오후 7시, 22시는 오후 10시를 나타내지요. 수학에선 12로 나눈 나머지가 같다는 점에서 다음과 같은 기호를 사용하기도 합니다.

$$13 \equiv 1,\ 16 \equiv 4,\ 19 \equiv 7,\ 22 \equiv 10 (\bmod\ 12)$$

여기서 mod 12는 12로 나누었다는 의미이고 기호 $\equiv$는 나머지가 같다는 의미이지요.

12. 모두 10가지입니다. 그림에서처럼 교차점에 도달하는 가지 수를 수로 표현하면 지점 S에서 출발하여 지점 E까지 가는 방법은 10가지입니다.

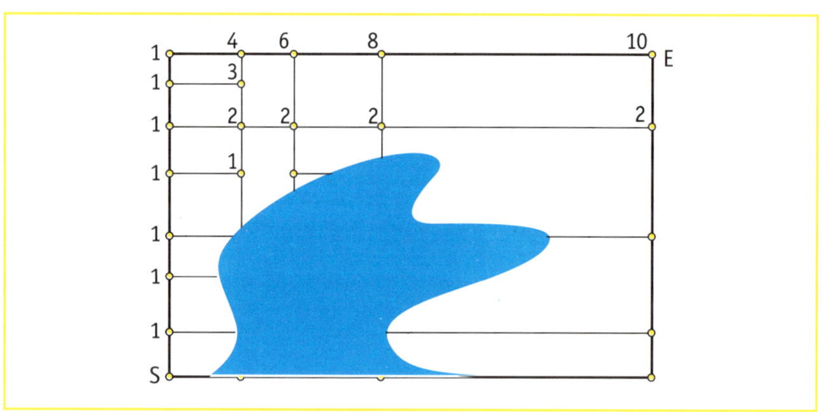

13. ①의 답은 1023, ②의 답은 $\dfrac{1}{1023}$입니다. 두 이웃항의 차를 생각하면서 인내심을 가지고 수를 일일이 나열하다 보면 열 번째 수를 얻을 수 있답니다. 하지만 다음과 같은 방법으로 간단하게 문제를 풀 수 있어요. ①의 경우 각 수에 1을 더하면 2의 거듭제곱으로 이루어진 수의 배열이 얻어집니다. 2의 거듭제곱수를 생각하면 열 번째 수에 해당하는 것은 1024이므로 여기서 1을 빼면 1023이 답이 되겠지요. 따라서 ②의 경우 10번째 수는 $\dfrac{1}{1023}$입니다.

14. 답은 구입니다. 지구를 구라고 가정할 때, 적도의 $\dfrac{1}{4}$과 두 자오선은 북반부에서 구면삼각형을 이룹니다. 이때 삼각형의 세 내각은 각각 90도이므로 '불가능한 삼각형' 과 같이 세 내각의 합은 270도가 됩니다.

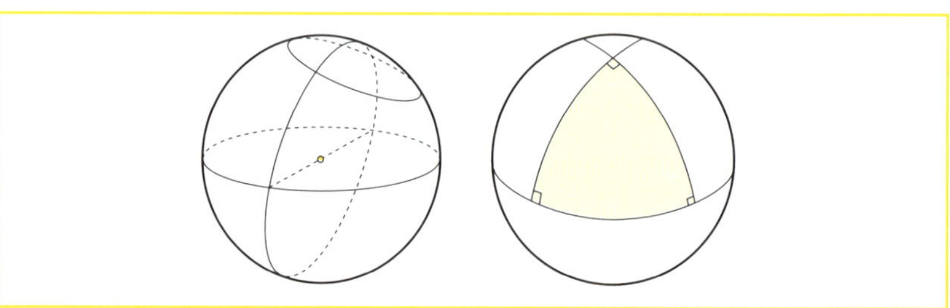

15.

여러 가지 방법이 가능합니다. 그 중 두 가지 방법을 예로 들어 설명하지요.

방법 1 | 삼각형 ABC의 꼭지점 A에서 변 BC에 수선을 내려 교점을 H라고 합니다. 선분 DA와 선분 AE, 각각의 중점에서 삼각형 ABC의 밑변 BC에 수직인 선분을 그려 보세요. 그림에서 색깔이 같은 부분의 삼각형은 넓이가 같지요. 삼각형 ABC의 넓이는 밑변이 $\frac{1}{2}a$이고 높이가 h인 직사각형의 넓이와 같습니다. 따라서 삼각형 ABC의 넓이는 $\frac{1}{2}ah$가 됩니다.

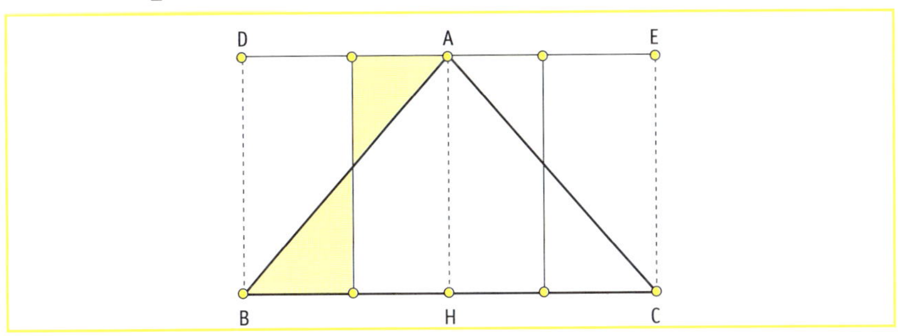

방법 2 | 삼각형 ABC의 꼭지점 A에서 변 BC에 수선을 내려 교점을 H라고 합니다. 선분 AB와 선분 AC, 각각의 중점에서 삼각형 ABC의 밑변 BC에 수직인 선분을 그려 보세요. 그림에서 색깔이 같은 부분의 삼각형은 넓이가 같지요. 삼각형 ABC의 넓이는 밑변이 a이고 높이가 $\frac{1}{2}h$인 직사각형 DBCE의 넓이와 같습니다. 따라서 삼각형 ABC의 넓이는 $a \times \frac{1}{2}h$ 즉, $\frac{1}{2}ah$가 됩니다.

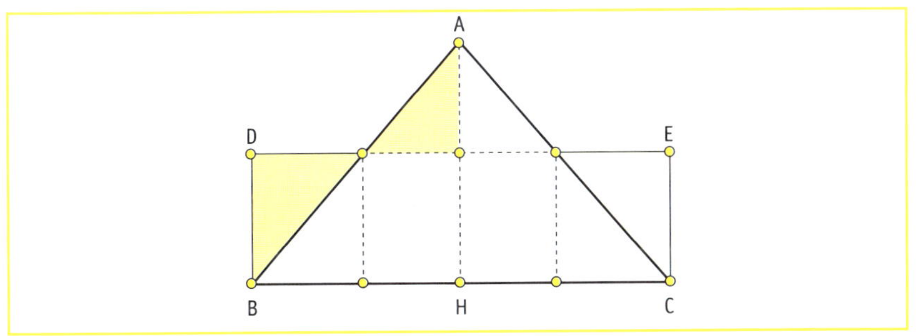

16.

대응하는 성분이 서로 같아야 하므로 $x = 4$, $y = 3$, $z = 2$, $w = 1$입니다.

17. 선분의 중점과 원의 중심, 선분의 한 끝점과 원의 중심을 그림과 같이 서로 연결해 보세요. 직각삼각형이 만들어지지요. 이 삼각형의 세 변은 각각 3, 4, 5가 됩니다. 선분을 움직여 선분이 그리는 자취를 살펴보면, 반지름 길이가 4인 원과 반지름 길이가 5인 원 사이를 움직인다는 것을 알 수 있습니다. 이때 큰 원의 넓이는 25π, 작은 원의 넓이는 16π가 되므로 구하려는 도형의 넓이는 $25\pi - 16\pi = 9\pi$가 됩니다.

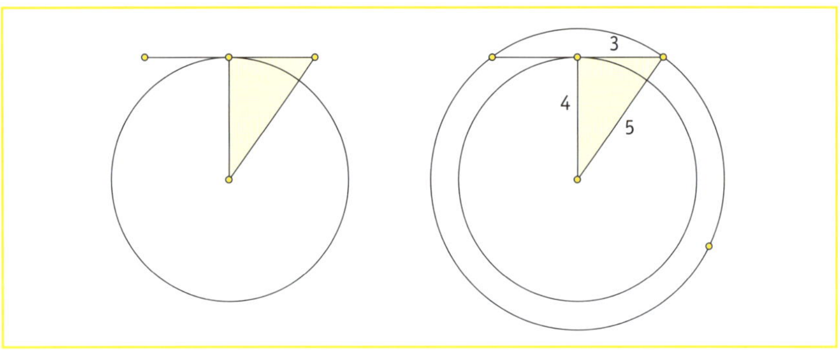

18. $9 + 16 = 25$ 즉, $3^2 + 4^2 = 5^2$입니다.

이 등식은 피타고라스 정리의 한 예이지요. 세 변의 길이가 3 : 4 : 5가 되면 직각삼각형이 된다는 사실은 피타고라스가 살던 시대보다 훨씬 이전 이집트 사람들에게는 이미 잘 알려진 생활의 지혜였다고 합니다. 직각삼각형의 밑변을 a, 높이를 b, 빗변을 c라 하면 세 변 사이에는 언제나 다음과 같은 등식이 성립합니다. $a^2 + b^2 = c^2$

19. 밑면에 평행하게 자르면 잘린 면은 원 모양이 됩니다. 만약 비스듬하게 자르면 잘린 면은 타원 모양 또는 포물선 모양이 됩니다.

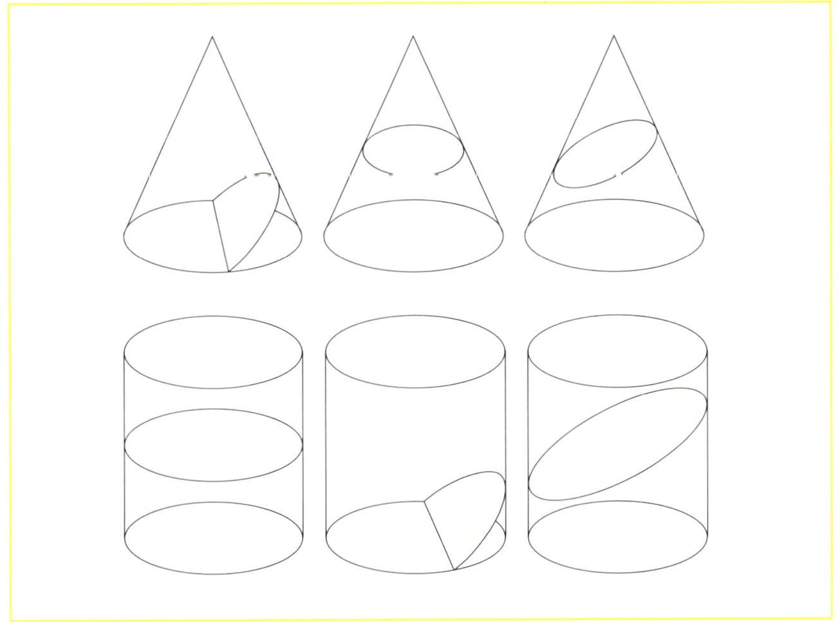

20. 정답은 7π입니다. 겹쳐진 부분의 넓이를 x라 하면 겹친 부분을 제외한 큰 원의 넓이는 $\pi \times 4^2 - x$이고, 겹친 부분을 제외한 작은 원의 넓이는 $\pi \times 3^2 - x$입니다. 따라서 겹치지 않는 두 원의 넓이 차는 $16\pi - x - (9\pi - x) = 7\pi$입니다.

맺는 글

‘왜 함수라고 이름을 붙였을까?’, ‘왜 모든 수는 0으로 나누 면 안 되는 걸까?’……

엉뚱하지만 고등학교 1학년 때 가졌던 의문들입니다. 수학 점수하곤 상관 없는 질문들이었지만 이런 의문을 해결하고자 광화문의 큰 서점에서 어려운 대학 수학책들을 들춰보곤 했습니다. 그렇게 고생해서 알게 된 지식들을 혼자 알고 있기에는 너무 안타까웠습니다. 남에게 꼭 알려 주어야겠다는 생각에 오 랫동안 꿈꿔 왔던 화가의 꿈마저 가슴에 묻었습니다. 그렇지만 수학에 대한 의 문점들을 해결하며 수학의 세계를 여행하는 것은 그림을 그리는 화가 못지 않 게 즐겁고 가슴 떨리는 일입니다. 수학 교사가 되어 아이들과 함께 수학을 탐 구하는 일은 즐거운 일상이며 소중한 순간입니다. 수학적 그림(도형)으로 아 이들의 상상력을 불러일으키고, 수식으로 엄밀한 사고를 기를 수 있는 것은 수 학만이 누릴 수 있는 즐거움이기 때문입니다.

하지만 1999년 갤러리 사비나의 전시〈그림 속의 숨은 그림(동강)〉을 보면 서 잊고 있던 화가의 꿈이 조금씩 꿈틀댔습니다. 이제와 그림을 그릴 순 없지 만 화가가 선대칭을 이용해 자신의 메시지를 전달하는 것이 너무 반가웠습니 다. 또한 그 전시를 계기로 작품을 통해 그림과 수학을 동시에 수업에 활용할 수 있어 너무나 즐거웠습니다. 그 이후 강의 청탁이 들어올 때면 동강 그림은 수업의 단골 메뉴가 되었고 그 인연으로 '그림 속의 수학'이란 주제로 강의까지 하게 되었습니다. 그러면서 나름대로 틈틈이 그림에 대한 수학적 해석을 준비했습니다. 진실한 열정은 소중한 기회를 만들어 주는 것일까요? 2005년 3월, '미술과 수학의 교감'이란 주제로 사비나 미술관을 오가게 되면서 이 책의 초석이 시작되었으니까요. 반가움과 설렘 속에 이명옥 관장님과 나눈 그림이야기는 가슴속에 응어리진 못다 한 화가의 열망을 살며시 녹여 주었고 수학으로 명화를 바라보는 즐거움에 더 심취하게 만들었습니다.

　　이제 이 소중한 만남을 한 권의 책으로 맺으려 합니다. 수학의 눈으로 결정(結晶)을 맺는 이 귀한 시간 덕분에 명화를 명화라 일컫는 이유를 더 잘 깨닫게 되었습니다. 무심히 지나치는 들꽃도 관심을 갖고 바라보면 가슴속에 큰 의미로 남듯 수학의 눈으로 명화를 보면 미처 알지 못한 새로운 미를 발견한 즐거움에 절로 감탄이 흘러나옵니다. 독자 여러분도 정성과 노력을 모은 이 책에서 새롭게 명화를 발견하는 즐거움을 얻고 그 속에서 신선한 발상의 전환이 이루어졌기를 마음속 깊이 기대합니다.

2005년 6월 관악산 기슭에서 김홍규 씀

작품 목록

뒤러 (Albrecht Dürer, 1471~1528) | 〈멜랑콜리아〉 | 1514

김홍도 (金弘道, 1745~1806?) | 〈씨름〉 | 풍속화첩 중

마그리트 (René Magritte, 1898~1967) | 〈인간의 조건〉 | 1933

김환기 (金煥基, 1913~1974) | 〈화실〉 | 1957

보티첼리 (Sandro Botticelli, 1445~1510) | 〈비너스의 탄생〉 | 1485

키리코 (Giorgio de chirico, 1888~1978) | 〈헥토르와 안드로마케〉 | 1917

라 투르 (Georges La Tour, 1593~1652) | 〈다이아몬드 에이스를 가진 사기꾼〉 | 1635

세잔느 (Paul Cézanne, 1839~1906) | 〈카드 놀이하는 사람들〉 | 1892~1896

리나르 (Jacques Linard, ?1600~1645) | 〈조개 껍질화〉

브뢰겔 (Pieter Bruegel d. Ae., 1528?~1569) | 〈바벨탑〉 | 1563

베르메르 (Jan Vermeer van Delft, 1632~1675) | 〈금을 다는 여인〉 | 1662~1665

퀸텐 마시스 (Quentin Massys, 1465l66~1530) | 〈환전상과 그의 아내〉 | 1514

라파엘로 (Raffaello Snzio di Urbino, 1483~1520) | 〈아테네 학당〉 | 1508·-1511

프란체스카 (Piero della Francesca, 1420?~1492) | 〈몬테펠트로의 제단화〉 | 1465~1472

레오나르도 다 빈치 (Leonardo da Vinci, 1452~1519) | 〈최후의 만찬〉 | 1494~1498

로지에 반 데르 바이덴 (Rogler van Weyden, 1464~1464) | 〈십자가에서 내려지는 예수〉 | 1435

파울 클레(Paul Klee, 1879~1940) | 〈세네지오〉 | 1922

달리(Salvador Dali, 1904~1989) | 〈기억의 고집〉 | 1931

몬드리안(Piet Mondrian, 1872~1944) | 〈브로드웨이 부기우기〉 | 1942~1943

클림트(Gustav Klimt, 1862~1918) | 〈아델레 블로흐-바우어〉 | 1907

피터 데 호흐(Pieter de Hooch, 1629~1684) | 〈실내 정경〉

에셔(Maurits Cornelis Escher, 1898~1972) | 〈폭포〉 | 1961

마네(Édouard Manet, 1832~1883) | 〈스페인 가수〉 | 1860

피카소(Pablo Ruiz y Picasso, 1881~1973) | 〈세 악사〉 | 1921

앤디 워홀(Andy Warhol, 1928?~1987) | 〈100개의 마릴린〉 | 1962

호안 미로(Joan Miró, 1893~1983) | 〈붉은 태양이 거미를 갉아먹다〉 | 1948

바자렐리(Victor Vasarely, 1908~1997) | 〈팔 켓〉 | 1973~1974

홀바인(Hans Holbein der Itere, 1465?~1524) | 〈대사들〉 | 1533

베르메르(Jan Vermeer van Delft, 1632~1675) | 〈지리학자〉 | 1669

칸딘스키(Wassily Kandinsky, 1866~1944) | 〈여러 개의 원〉 | 1926

이명옥과 김흥규의 명화 속 신기한 수학 이야기

초판 1쇄 발행일 2005년 6월 15일
초판 21쇄 발행일 2024년 6월 20일

지은이 이명옥 · 김흥규

발행인 조윤성

발행처 ㈜SIGONGSA **주소** 서울시 성동구 광나루로 172 린하우스 4층(우편번호 04791)
대표전화 02-3486-6877 **팩스(주문)** 02-585-1755
홈페이지 www.sigongsa.com / www.sigongjunior.com

글 ⓒ 이명옥 · 김흥규, 2005

이 도서에 사용된 일부 작품은 SACK을 통해,
ADAGP, ARS, SIAE, Succesion Picasso, Vegap의 허락을 받은 것입니다.
저작권법에 의하여 한국 내에서 보호를 받는 저작물이므로 무단 전재 및 복제를 금합니다.

이 도서에 사용된 에셔의 작품은 The M. C. Escher Company-Holland의 허락을 받은 것입니다.
저작권법에 의하여 한국 내에서 보호를 받는 저작물이므로 무단 전재 및 복제를 금합니다.

이 도서에 사용된 김환기의 작품은 환기미술관의 허락을 받은 것입니다.
저작권법에 의하여 한국 내에서 보호를 받는 저작물이므로 무단 전재 및 복제를 금합니다.

ISBN 978-89-527-4344-2 03410

*SIGONGSA는 시공간을 넘는 무한한 콘텐츠 세상을 만듭니다.
*SIGONGSA는 더 나은 내일을 함께 만들 여러분의 소중한 의견을 기다립니다.
*잘못 만들어진 책은 구입하신 곳에서 바꾸어 드립니다.

WEPUB 원스톱 출판 투고 플랫폼 '위펍' _wepub.kr
위펍은 다양한 콘텐츠 발굴과 확장의 기회를 높여주는
SIGONGSA의 출판IP 투고·매칭 플랫폼입니다.